渡鸦的文化史

[法] 米歇尔·帕斯图罗 著　　王珏 译

生活·讀書·新知 三联书店

图书在版编目（CIP）数据

渡鸦的文化史 /（法）米歇尔·帕斯图罗著；王珏
译. —北京：生活·读书·新知三联书店，2024.3
ISBN 978-7-108-07753-0

Ⅰ.①渡…　Ⅱ.①米…②王…　Ⅲ.①鸟类－文化史
Ⅳ.① Q959.7

中国国家版本馆 CIP 数据核字 (2023) 第 248752 号

责任编辑　崔　萌
装帧设计　薛　宇
责任校对　常高峰
责任印制　卢　岳
出版发行　**生活·讀書·新知** 三联书店
　　　　　（北京市东城区美术馆东街 22 号　100010）
网　　址　www.sdxjpc.com
经　　销　新华书店
制　　作　北京金舵手世纪图文设计有限公司
印　　刷　天津裕同印刷有限公司
版　　次　2024 年 3 月北京第 1 版
　　　　　2024 年 3 月北京第 1 次印刷
开　　本　720 毫米 × 880 毫米　1/16　印张 15
字　　数　129 千字　图 79 幅
印　　数　0,001－3,000 册
定　　价　79.00 元
（印装查询：01064002715；邮购查询：01084010542）

LE CORBEAU

Une histoire culturelle

目 录

前　言

　　在绝大多数社会中，人类对动物世界的想象总是围绕为数不多的几个物种展开，这些动物比其他动物更容易引起人类关注，且它们之间仿佛存在某种既紧密又神秘的特殊联系。因此，这寥寥数种动物构成了人类文化史上的"动物中心圈"[1]，围绕这些动物，衍生出一系列神话、传说、形象、符号和梦境。

　　欧洲人心中的动物中心圈很早就已成形，其历史甚至可以追溯至原史时代或上古时代，在很长一段时间内持续对人类文明产生影响。起初，构成动物中心圈的动物仅限于欧洲本土的野生动物，如熊、狼、野猪、鹿、狐狸、渡鸦、鹰、天鹅、蛇等。之后，家养动物渐次加入，先是牛、马、狗，之后，猪、驴、公鸡、鹅等也被纳入其中。在这个表单中还应该加上龙（即最大的蛇）——一种假想生物，以及三种异域动物——狮子、大象、猴子，如此才算完整。在欧洲文化史中，上述二十多种

◀　**莫切文化陶器（秘鲁），约550～650年。纽约，大都会艺术博物馆**

动物始终占据主导地位。

　　本系列书籍专注于欧洲文化史研究。第一卷为《狼的文化史》，第二卷的主题是公牛，本卷则专注于渡鸦的研究。若时间允许，我还将继续致力于以狐狸、鹰、鹿、驴、公鸡为核心的研究与撰述。我对渡鸦的研究已超过半个世纪：1972 年，在我的博士论文《中世纪纹章系统中的动物意象》（*Le Bestiaire héraldique au Moyen Âge*）中，渡鸦是重要的研究对象；在研究纹章学起源时，整个北欧学界也都将渡鸦定为研究重点；近四十年来，我在法国高等研究应用学院（l'École pratique des hautes études）和法国社会科学高等学院（l'École des hautes études en sciences sociales）教授有关历史和动物符号体系的课程。在整个教学过程中，渡鸦也是核心。它确实配得上这样的关注。且不说渡鸦文化史在整个北半球何等丰富，单就欧洲"动物中心圈"概念而言，渡鸦就同熊、狼一起位列三大核心。毫无疑问，这三种动物在欧洲神话、梦境和符号体系中是最重要的。

　　围绕渡鸦的历史我已完成大量研究和教学工作，但在我撰写的书籍中它却鲜少被提及，要么散见于几篇文章之中，要么零星出现在有关古代或中世纪动物寓言的某几个章节中。我确实从未以渡鸦为主题出版过专著，个中原因很多，最重要的是这个主题太过宽泛。如何用一部书囊括整个渡鸦文化史？这根本不可能，因为它实在过于庞杂。这也是我在创作本书时面临的最大困难。在撰写《狼的文化史》时，我也遇到了同样的困难。所幸与狼有关的出版物非常多，且不乏佳作，因此我的书无须"事无巨细"，只谈重点即可，故而那本书的体量相对单薄。但对于渡鸦来说，情况则完全不同：目前，市面上几乎不存在以渡鸦为核心研究欧洲文化通史的著作，完成类似的作品也确实需要一点雄心壮志[2]。我该怎么办？我决定在本书中避免"面面俱到"，在某些问题上有所保留，日后争取再完成一部体量更大、研究更深入、受众面也许会因此更窄的书籍[3]。眼下这本书仅为渡鸦文化史概述，围绕几个核心主题展开：古人对渡鸦的崇拜；渡鸦在凯尔特人和日耳曼人心中的重要性；基督教对渡鸦的仇视；千年来人类对渡鸦的攻击；中世纪动物寓言及当代鸟类学家；寓言、童话、诗歌中渡鸦的重要性；乡村生活中渡鸦引起的恐惧和厌恶情绪；在当代所有以动物智慧为主题的研究中渡鸦的"绝地反击"：除类人猿外，渡鸦是最聪明的动物。不过，为什么要将类人猿排除在外呢？当研究某些复杂的认知能力时，其实渡鸦经常和类人猿不相上下[4]。

*　　　*　　　*

自然历史是一回事，文化史是另一回事，后者更繁杂、更广博、更包罗万象。文化史首先是一部有关社会的历史，是专属于某一社会的集体意象的历史，内容涵盖语言、词汇、价值体系、公民意识构建方式、文学创作、艺术创作、信仰、迷信、纹章、符号等。文化史也是有关知识的历史，讲述知识的演变、更替以及知识被最古老的传统接纳的过程。从这一点上说，自然历史可被看作文化史的一个分支。为更有效地研究文化史走向，必须明确文化史中每个时期包含的内容，切勿使用现在对知识、意识及道德的评判标准评判过去。同时必须深入了解要研究的社会。然而，作为历史学家，我显然无法掌握五大洲所有社会的一手资料。我既不愿，也不想直接抄袭他人的研究成果，因此本书将仅介绍我所了解的内容，我对这些内容的思考与调查已持续半个世纪。本书将以欧洲社会为主要研究对象，这个主题已经相当广泛，尤其是如果我们将欧洲文化史涵盖的时间范围扩大到一段相当长的时期——从古代神话到当代动物圈，内容涵盖语言、符号、广告、动画片、连环画及游戏等各个方面。

本书不会提及欧洲之外与渡鸦有关的历史和符号体系，这当然令人惋惜，但我个人能力有限，亦无意简单抄袭或粗略概括研究西伯利亚或北美民族的人种学家的成果。事实上，渡鸦在整个北半球的传统社会中都曾是人们崇拜的对象。人们时而将它看作造物主或创世之神，时而将它当作众神的使者或连接天与地的媒介。生活在俄罗斯远东地区的古西伯利亚民族及他们生活在加拿大和阿拉斯加太平洋沿岸的近亲对渡鸦都无上崇拜，且崇拜形式多样，持续时间长久。很早以前，这些民族就吸引了人种学家和人类学家的关注，他们曾确切地指出，渡鸦是如何在游牧民族中成为一种积极的符号象征，而在定居民族中却是一种消极符号。定居民族不仅学会了采摘打猎，且已经具备从事耕种、畜牧的能力。我建议大家去读一读这些学者的著作[5]。

本书将专注于欧洲，且书中的大部分内容并非针对所有鸦科动物，而是仅专注于渡鸦。古代及中古时代的渡鸦比当代渡鸦更大、更肥硕、更引人注意。当代渡鸦不像它的祖先那样，身影遍及整个欧洲。斯堪的纳维亚半岛的古动物专家在古墓中发掘了很多古代渡鸦骸骨，由此可见古代渡鸦曾受到何等崇拜。古代渡鸦身长可达75～80厘米，体重可轻易超过2公斤[6]。它周身布满乌黑色羽毛、叫声嘶哑、性情贪婪、诡谲狡诈，这一切都令其他鸟类闻风丧胆，甚至老鹰和绝大多数猛禽都对它心有畏惧。古代渡鸦甚至会毫不犹豫地攻击大型牲畜，令其惊惧不已。人类更忌惮古代渡鸦的智力与辨识力。作为始终与人类社会比邻而居的鸟类，渡鸦好像无所不知、无所不晓，它们仿佛可以预见一切，一刻不停地观察、威胁、评判人类。

因此，本书将专注于渡鸦，介绍与之相关的历史、古代神话及符号体系。本书不会涉及寒鸦及秃鼻乌鸦，更何况，涉及这两种乌鸦的文化史资料并不丰富。某些章节中可能会提

渡鸦是最了解人的动物。但我们对它又了解多少呢？吉姆·戴恩的版画，1999 年。
伦敦，大英博物馆

到"corneille"一词，该词要么指小嘴乌鸦，是渡鸦的近亲，一个独立种群；要么指母渡鸦。请允许我再次重申，文化史并非自然历史。站在自然历史的角度，渡鸦分公母，一部分古代作家（必须明确的是，这些作者中既不包括亚里士多德，也不包括普林尼）认为"corneille"指母渡鸦。历史学家对此应有所认识，且历史学家永远不应用当代人类的认知水平去评判古人的认知！

现在，让我们跟着渡鸦一起穿梭翱翔于构成历史的各个世纪，看看被古人崇拜的神鸟何以被基督教嗤之以鼻，看它如何在中世纪被当作魔鬼的代表神兽，看它在整个欧洲乡村如何成为一种耻辱性的存在，被认为邪恶、骇人又不吉利。*

---

* 本书所探讨的对象为渡鸦，与东亚地区常见的乌鸦（多为大嘴乌鸦和小嘴乌鸦）相比，是一种大体形的鸦属鸟类，虽然二者在外形上十分相似，流行文化也使人们经常将其混淆，但考虑到生物学分类与其文化符号形成的过程，中译本保留对"渡鸦"一词的直译，以便读者对作者所引历史文化资料的来源与背景有更清楚的理解。——编注

1 众神的信使（*古代神话*）

◄ **带渡鸦装饰的凯尔特头盔**

最近，考古界又新发现了几十个凯尔特战盔或庆典用的头盔。图上的这顶头盔发掘于罗马尼亚丘梅什蒂乡墓地。虽然做了很多修复工作，但这头盔依旧非常值得关注。头盔由铁制成，最上方有一尊青铜薄片制成的渡鸦，渡鸦的翅膀配有铰链可以活动。发掘现场，在头盔的旁边还有铁和青铜制的锁子甲和护腿残片，以及一些长矛残片。这套装备应该属于一位高级将领，其年代可追溯至公元前 4 世纪。

克卢日－纳波卡（Cluj-Napoca），罗马尼亚，特兰西瓦尼亚民俗博物馆

　　在欧洲，古代社会中崇拜渡鸦的不在少数。渡鸦曾经是太阳的象征，是造物者，是众神的信使，是冥界引领灵魂的向导。它无所不知、无所不晓，耳聪目明、善于预言。此外，它被认为是某些民族的祖先，因此，它是多种信仰、习俗、禁忌或物神崇拜的对象。鸟类中的这一重要形象在欧洲古代神话中留下了自己的痕迹，在凯尔特、斯拉夫及日耳曼文化中，其身影也随处可见。

　　但希腊神话与上述文明略有不同。渡鸦是很多希腊神话中神的象征，但它的个性特点却不甚明晰，甚至有些暧昧。这是一种既聪明又自负的鸟，既有超强的洞察力又喜欢吵架拌嘴，既无所不知又过分聒噪。有关渡鸦羽毛颜色变化的传说也反映了其个性的无常：从前，渡鸦周身雪白，后来之所以变得通体乌黑可能是因为它表现得过分傲慢无礼、狂妄自大。由于它不停挪揄神明，终于激怒了众神，作为惩罚，最终失掉了本色。在其他大洲，如西伯利亚或加拿大北部地区，也有类似的传说，人们将渡鸦当作生者生存的现世和亡灵存在的冥界的中介。依照流传于这些地区的传说，渡鸦起初也是全身布满雪白的羽毛，最后却变得通体乌黑，其中原因要么是未能成功传达重要信息，要么是违反了某种禁忌，要么是被施了恶毒的魔法，要么是受到了不可撤销的诅咒。

阿波罗的渡鸦，雅典娜的渡鸦

让我们继续将视野停留在欧洲，关注希腊神话。希腊神话中提到过许多鸟类，渡鸦是其中之一。它是许多神的象征，如阿波罗。阿波罗是太阳神、光之神、音乐与艺术之神，其形象复杂丰富，在奥林匹斯山诸神中享有特权。希腊神话对阿波罗的冒险与奇遇、爱情故事及他的怒火都有描述。其形象总是被塑造成一位绝世美少年，拥有完美的身材和一头金光闪闪的卷曲长发。阿波罗是希腊诸神中最常出现在艺术作品中的一位，他是一位杰出的、充满智慧的神。他是诗人、音乐家，也是医者、乐善好施之人，他为人类带来光明、和谐与和平。

阿波罗拥有很多代表性的物品：弓、里拉琴、长笛、三叉戟、桂冠、牛角等。也常有很多代表性的动物伴其身侧：狼、渡鸦、海豚、天鹅、雄鸡、蛇等。狼几乎是文字故事及图像材料中最常出现在阿波罗身边的动物[7]，渡鸦出现的频率与狼几乎不相上下。根据多个传说，太阳神阿波罗每年都要去极北之地许珀耳玻瑞亚避世而居一段时日，在那里，因对渡鸦敏锐洞察力和杰出记忆力的欣赏，阿波罗对其心生喜爱。因此，渡鸦成了阿波罗最爱的鸟儿。

阿波罗与渡鸦间最有名的故事应该与可怜的科洛尼斯

阿波罗的代表性符号

在希腊艺术作品中，阿波罗是最常出现的神的形象，能够代表他的符号众多，主要有弓、里拉琴、长笛、桂冠等，最能代表他的动物是狼和渡鸦。图中祭祀用的酒杯在希腊德尔斐的一处坟墓被发掘出来，杯上描绘的渡鸦已经失掉雪白的羽毛换上了黑色羽毛，这是被神惩罚的结果。

白底基里克斯杯，公元前 480～前 470 年。德尔斐，考古博物馆

（Coronis）有关。许多古代神话作者都曾讲述过这个故事，后被奥维德收录在《变形记》中并流传于后世 [8]。在此，让我们将奥维德的版本简要概括如下：科洛尼斯的名字本就和母渡鸦（corneille）一词写法近似。阿波罗深爱着这位来自塞萨利亚（Thessalie）的公主并让她怀上了自己的孩子。深爱易生妒忌。因此，太阳神派深得自己信任的白渡鸦日夜监视爱人。但白渡鸦未能做到恪尽职守，科洛尼斯也背弃了对神的忠诚，下定决心要与凡人伊斯库斯（Ischys）结为夫妻。白渡鸦无意间撞见了他们的丑事，并将亲眼所见通报太阳神。它的悲惨命运由此而起！阿波罗怒火中烧，惩罚了丑事的揭发者，将它的白色羽毛变成黑色！白渡鸦本应缄口沉默的，正因为它的揭发，依太阳神的意愿，从那以后，所有渡鸦都要以全身乌黑的形象示人了。至于科洛尼斯和伊斯库斯，阿波罗下令将他们处死，而且是由太阳神亲自动手取他们性命。在行刑之前，阿波罗还不忘将科洛尼斯腹中的胎儿取出。这个婴孩名叫阿斯克勒庇俄斯，他不仅得以保全性命，还成了阿波罗最珍爱的儿子 [9]。阿斯克勒庇俄斯（在古罗马神话中被称为埃斯库拉庇乌斯）很小就展现出医师的天赋，之后成为医神。

另一个故事也讲述了阿波罗对渡鸦的惩罚。太阳神让渡鸦去圣泉中取水，路上，它看到一棵结满无花果的树，想等果子成熟后再赶路。它等了很久很久，终于得以饱餐一顿，但却将

科洛尼斯之死

科洛尼斯的名字会让人联想到"母渡鸦"一词,她是阿波罗爱慕的凡人女子。太阳神因爱生妒,故而让白渡鸦监视科洛尼斯。白渡鸦对此任务漫不经心,因此科洛尼斯可以借机与情人伊斯库斯幽会。阿波罗得知此事后一箭射死了不忠之女,但保全了她腹中自己的亲生骨肉(即后来的医神阿斯克勒庇俄斯)。他也惩罚了白渡鸦,将其周身羽毛变成黑色。

克里斯蒂娜·德·皮桑,《雅典娜的信》,约 1460 年。科洛尼(瑞士),马丁·博德默基金会,原稿 49 页,第 74 张

神交予的任务忘得一干二净。回到阿波罗身边，渡鸦解释道，自己之所以迟到且没能将圣水带回是因为在圣泉边一条蛇袭击了它。阿波罗知道渡鸦在撒谎，于是惩罚了它，将它的白色羽毛变成黑色，比成熟的无花果还黑[10]。

还有另一个类似的故事也很有名，故事的主人公是女神雅典娜和一只过分聒噪的母渡鸦。海神波塞冬是雅典娜最可怕的敌人，他觊觎一位年轻的姑娘，女神被这位姑娘感动，决定保护她。雅典娜将这位姑娘变成一只白渡鸦并让它留在身旁。但是白渡鸦很快变得不可理喻，它总是胡说八道，嘲讽、辱骂女神身边的人。和阿波罗对白渡鸦的惩罚一样，雅典娜也改变了白渡鸦羽毛的颜色，将它全身的羽毛变成黑色。雅典娜还命猫头鹰追捕渡鸦，相比渡鸦，猫头鹰话不多，且行事谨慎。希腊人曾一度称颂渡鸦的美貌与智慧，如今它却不得不为自己的聒噪与肆意诽谤付出代价[11]。母渡鸦曾一度成为宙斯的妻子——婚姻之神赫拉最钟爱的鸟[12]，但它还是因为话多和冒失被赫拉用孔雀取代。

▶ **赫尔墨柱**

在希腊神话中，赫尔墨斯是路神，同时也司掌许多其他事务。他的头像常被雕刻在石柱顶端，这些石柱既是行路的方位标志又是千步碑，极具纪念意义。柱上通常刻有碑文，文章要么有道德寓意，要么有教训意义，要么文化价值颇高，要么有纪念价值。鸟类常在这些石柱上栖息，如图片中的渡鸦。

红色图案双耳瓶，雅典，约公元前460年。柏林，州立文物博物馆

◀ **盗窃神的祭品的渡鸦**

很多古希腊作者将渡鸦塑造成亵渎神明的鸟，因为它会从祭台上盗取供奉神明的祭品。图片展示的是阿喀琉斯站在阿波罗祭坛前的景象。在这个花瓶的另一面，展现了阿喀琉斯给普里阿摩斯国王之子特洛伊罗斯设下圈套准备杀死他的场景。

黑纹双耳尖底瓮（细节图），约公元前560～前550年。纽约，大都会博物馆

都市怪谈与凯尔特神话

没有人比凯尔特人更崇拜渡鸦了，在许多凯尔特神话中，渡鸦都是绝对的主角。渡鸦在盖耳语或威尔士语中经常被写作"bran"（既指公渡鸦也指母渡鸦），它是鲁格（在高卢被称作"Lugos"，在爱尔兰被称作"Lugh"）的代表性动物。鲁格是凯尔特神话中的主神，是司掌光明、医疗、巫术、手工业、战争、艺术、交流与知识之神。渡鸦是心细无比的观察者，鲁格倾听、关注渡鸦汇报的一切事务。如今的许多城市都建在曾经的鲁格神庙旧址上，如里昂、伦敦、卢加诺、卢丹等。许多神话都曾提到一只或几只渡鸦如何通过进谏，在这些城市的选址和兴建上起了决定性作用。

早在公元前43年古罗马殖民地建立之前，里昂的富维耶山就是一处圣地。里昂的拉丁语名字是"Lugdunum"，它很快发展成一座大城邦，是高卢的首府，坐落于索恩河和罗讷河交汇处，是一座活力四射的贸易港。"Lugdunum"既指"鲁格山"，也指"鲁格城堡"。根据一位2世纪末未留下姓名的作家的说法，这个名称也可以理解为"渡鸦山"。这位不知名的作家如今被称作"Pseudo-Plutarque"（伪普鲁塔克），他留下一本短小的专论《从弗卢维斯》（*De fluviis*），在该作品中他将地理学与神话学相结合，解释了某些河流和城市名字的由来[13]。为完成此著作，他致力于盘根错节的词源学研究，以如今已经失传于世的各种资料为依托，讲述了很多他人并不知晓的传统和神话。他的作品在文艺复兴时期十分受人追捧，当然，也被很多人抄袭、评述。关于里昂的命名，他将地名"Lugdunum"和有待考证的高卢单词"lougos"（渡鸦）联系起来。为印证自己不太立得住脚的假设，他又将这个所谓的高卢单词"lougos"和希腊语单词"logos"（话语）硬拉在一起，用以解释渡鸦是拥有预言能力的鸟，可以说出揭示未来的话语。他还讲述了一个和罗慕路斯与雷穆斯建立罗马类似的故事。国王阿泰波马罗斯（Atepomaros）和德鲁伊莫莫罗斯（Mômoros）是两兄弟，他们被一个篡权者从高卢部落中驱逐。两兄弟于是来到富维耶山，决定在此建立一座新城市。但二人未能就选择哪一侧山麓达成一致。此时，一大群渡鸦用叫声向他们指明奠基之处的确切位置。渡鸦落在周围的树上，一刻不停地呱呱叫着。德鲁伊莫莫罗斯精通预言之术，他立刻意识到渡鸦的叫声意味着肯定和鼓励。为感谢这些鸟，他决定将城市命名为"Lougdounon"，因为在他生活的高卢部落使用的方言中，"lougos"一词义为渡鸦，"dounon"一词义为"丘陵"。

神话传说固然吸引人，也经常被反复讲述甚至夸大，但是考古发掘确实证实里昂早在原始时期就已有人类居住，且富维耶山很早以前就已成为圣地。即使还未发现任何确凿的对鲁格

与神有关的动物

这个由银浇铸而成的雕花平底宽口杯发掘于里昂。画面左侧墨丘利正坐在那里铸造硬币。杯上可见各种动物形象：野猪、乌龟、渡鸦、鹰、蛇、鹿、狗等。这些动物代指各种凯尔特神话或凯尔特－古罗马神话中的神（如塔拉尼斯、图塔蒂斯、埃苏斯、埃波纳等）。渡鸦是鲁格的象征，它和里昂（Lugdunum）建城的神话关系密切。

以神话故事为雕花主题的平底宽口杯，里昂制作，1 世纪上半叶

崇拜的证据，将"Lugdunum"理解为"鲁格山"也不无道理。
总而言之，渡鸦是鲁格神的主要代表之一，该城市和渡鸦之间
的关系也并非无稽之谈，且也是富维耶山曾被称作"渡鸦山"
的解释。但值得注意的是，历史上里昂从未用渡鸦做过城市的
象征，千年以来，这座城市的象征一直是狮子。

在伦敦，用作词源学解释的神话版本略有不同。"Londinium"
是这座公元 43 年由罗马人在泰晤士河两岸建立的城市的最早用
名。这个拉丁语地名也有可能是某个先前存在的地名的变体，
正如"Lugdunum"（鲁格的堡垒）是由"Lougdounon"而来。
从文献学上说，这个假设仍存在争议。但是，在伦敦塔旧址上
曾出现过渡鸦这件事还是为脆弱的逻辑链加上了一道坚固的加
固措施。为理顺逻辑链，不能仅关注地名研究学，也不能仅依
靠考古学，还是要借助神话传说，尤其是和蒙福的布兰（Bran
le Béni）有关的故事。这些故事出现在《马比诺吉昂》中，这
是一部用中古威尔士语写的故事集，不仅参考了亚瑟王的传说，
还参考了更古老的神话传说，如古代凯尔特传说。

蒙福的布兰以威尔士语中的渡鸦为名。"Bran"就是渡鸦，
经常和死亡联系在一起。蒙福的布兰是个巨人，因此无法进入任
何房屋或登上任何船只。然而，他是威尔士地区最强大的王国的
君主，有时被认为是所有英国人的君主。他的妹妹嫁给了一位爱
尔兰国王，但在婚后却屡遭夫君虐待，于是只能向自己的兄长求

救。一场持久的、混乱的家庭战争不可避免。战争跌宕起伏，充
满诡计与阴谋。结果，英国人笑到了最后，但战争双方都鲜有幸
存者。布兰也被淬毒的长矛刺伤了脚。他自觉命不久矣，便命
亲信将自己的头颅砍下，带到泰晤士河边一个叫"白丘"的地
方。在他死后很长时间，他的头颅仍能继续说话、预言，甚至和
其他幸存的亲信交谈。后来，布兰的头颅不再说话，却招来很
多渡鸦。渡鸦在威尔士语中与这位死去巨人的名字一样。它们成
了布兰坟墓的守护者，抵御一切外来入侵。随后，伦敦在此地建
立。它很快成为一座重要的城邦，之后成了主教辖区。原本与威
尔士巨人相关的神话故事逐渐染上了基督教的色彩。在教会的影
响下，本无宗教信仰的威尔士神话主人公摇身一变成为类似圣
人的存在，被人称作"蒙福的布兰"。蒙福的布兰的故事有时会
和圣布伦丹（约 484~578）的故事混淆。圣布伦丹是一位著名
僧侣，也被称作"航行者"，他不仅到过冰岛，甚至到过神秘的
加纳利群岛[14]。之后，伦敦塔的渡鸦被认为是古时守护布兰坟
墓的渡鸦的后代，直至 17 世纪，这些神话还在广泛传播。

摩莉甘和库丘林

　　爱尔兰的凯尔特人常认为渡鸦与战事、战争有关。它们有时会被视作不祥之兆，人们会说，渡鸦飞来是为了等待战争结束后吞食阵亡者的尸体，而且它们总会从自己最喜欢的眼睛和脑浆开始下嘴。但有时它们的到来是为了完成神授的任务：引领亡灵去冥界。在许多神话中都曾提到一个古老传统：若渡鸦停留在尸体的右肩，则会将亡灵引渡到天堂；若停留在其左肩，则会将亡灵带往地狱。有时，战争女神摩莉甘也会如此行事。在混战中，摩莉甘激起恐惧或勇气的威力都是无穷的。当她以女神形象示人时，代表颜色是红色，但当她化身渡鸦时，代表颜色是黑色。在战场上，当战士向战争女神求助时要模仿渡鸦呱呱的叫声，但若士兵在战场上懈怠应战或先前有过女神厌恶之行为，她就会拒绝他们的求救。摩莉甘是位乖张任性的女神，有时，她会以披着一头红棕色秀发的俏丽姑娘的形象出现，勾引世间凡人。

　　爱尔兰最有名的故事之一《夺牛长征记》（*La Razzia des vaches de Cooley* 或 *Táin Bó Cúailnge*）就是如此。这个故事见于多份爱尔兰语手稿，存在多个版本。其中最古老的版本可以追溯至 6 世纪。神话的原始初核甚至可追溯至铁器时代，也许是公元前五六世纪。该神话围绕这个初核在几个世纪的口口相传中逐渐丰富。最终，它被收录于故事集《阿尔斯特故事》（*Cycle de l'Ulster*）中。故事的主人公叫库丘林，是一个半人半神的英雄，他身上既有英勇善战的力量，也有神奇的魔力。他一路披荆斩棘，完成了无数次冒险与伟绩，似有金刚不坏之身，可以永生。但在《夺牛长征记》中，他终于在萨温节（11 月 1 日前后，是凯尔特历法中四个重要的宗教节日之一）当天一场爱尔兰各军事武装大混战的惨烈战役中丧命。摩莉甘多次试图勾引库丘林，但后者嫉妒女神的能力因而经常和她作对，一次次拒绝了她。为报复库丘林，女神在战争中不仅拒绝了他的求助，甚至变成一条鳗鱼缠绕在库丘林的大腿和胳膊上让他无法安心自如地使用武器。库丘林最终成功地摆脱了鳗鱼的纠缠，用剑刺伤了女神，不久之后，他看到女神在清洗自己带血的长衫。从那一刻起，他知道自己命不久矣。摩莉甘最终原谅了他：当他在战场上奄奄一息时，女神化身渡鸦前来帮助库丘林，她最终站在了他的右肩上。如此，他终能升入天堂。

有时，摩莉甘的姐妹芭德布（Badb 或 Bodb）也会扮演同样的角色。芭德布更令人生畏，因为她喜欢血与肉，乐于实施诅咒。当她以女性形象示人时，经常化身一位年老的妇人或女巫。而当她以鸟的形象示人时，又经常化身小嘴乌鸦而非渡鸦。在战役中，她从不帮助战士，而是等待着他们战死，之后从尸首上取下头颅。传说她乐于收集骷髅。

因此，渡鸦和小嘴乌鸦在威尔士神话和爱尔兰神话中都扮演着重要角色，或者，更宽泛地说，它们在凯尔特神话中都非常重要。它们是许多神的陪伴或代表。凯尔特人有着非常丰富的动物中心圈，这些动物和日耳曼动物中心圈中的动物可以算作表亲，在长达半个世纪的时间内，它们共同生活在同一片大陆上[15]。凯尔特动物中心圈内的明星除了前面提到的两种鸦科动物之外，还有马、狗、野猪、熊、鹿、天鹅、蛇，最后，牛也被纳入其中。这些动物在艺术、文学作品中大量出现，并在地名学、人名学、意象学，甚至从 12 世纪起，在纹章学中都留下了自己的身影。

奥丁的渡鸦及北国的战士

在斯堪的纳维亚半岛，渡鸦是北欧众神中的主神奥丁的仆人。奥丁以独眼为特征，是令人闻风丧胆的术士、全知全能的智者、掌管生与死的主人。他有两只渡鸦——福金（有"思想"之意）和雾尼（有"记忆"之意）。它们飞遍整个人世间，回到奥丁身边后，为他讲述所见所闻。福金和雾尼通晓古今，甚至可以读懂人心。它们惩戒卑鄙的懦夫，保护、奖赏骁勇的战士。

两本名叫《埃达》的书可被视作北欧神话的简介。其中散文《埃达》由史洛里·斯图鲁松（Snorri Sturluson，约 1179～1241）创作，诗体《埃达》的作者不详。《埃达》中讲述了福金和雾尼的故事，讲述它们如何于每日清晨一左一右趴在奥丁的肩膀上，向其讲述自己的见闻。奥丁因此得以知晓前一日在人间，甚至在其他神族之间——阿萨神族（Ases）或华纳神族（Vanes）——都发生了什么[16]。由于这两只渡鸦是知识与智慧的化身，因此奥丁信任它们的汇报，听从它们的建议。凭借福金和雾尼，奥丁对一切了如指掌，他掌管未来，决定凡人的命运。他有时会将冒犯自己的人变为渡鸦，或干脆自己化身为渡鸦来折磨、审判或处死这些人。

渡鸦在神界动物圈中的核心地位解释了为什么斯堪的纳维亚人和日耳曼人将这种鸟视作守护神。几乎在北欧全境及日耳曼地区，人们对渡鸦都怀有一种特殊崇拜。渡鸦的身影遍布各处：兵器、珠宝、徽章、服饰、货币以及皮制、木制或金属制手工艺品等。渡鸦始终扮演着守护者的角色，可以驱除邪恶，充当人神之间交流的媒介。

在战士及水手践行的某些小习惯中，渡鸦的"守护者"身份体现得更为明显。因此，在墓穴发掘时经常会遇到古人将渡鸦羽毛或骨头作为护身符佩戴在身上的情况。战士在战场上习惯使用各种带有鸟的形象的战旗、武器或护具（特别是头盔）。

鸟的形象不仅可以作为装饰，更可作为战士的守护神。因此，这些图饰既有标志性作用又有守护性作用。当然，渡鸦并非承担这一作用的唯一动物。其他动物形象也可代表某个部族、部落甚至某个士兵集团的身份。借助这些动物图腾，人们向其乞求庇护，希望借此得到那种动物具备的能力以吓退敌人。能承担这样功能的动物不多，最常见的除渡鸦外，还有熊、野猪、狼、鹿和马，比较特别的是鹰、隼、公牛、狮子、龙以及狮身鹰首兽[17]。最后三种动物与图像的极致美学的结合反映出北欧战争符号其实从很早以前就已被草原文化影响。草原文化源自中亚及西伯利亚地区，其影响一直波及西方，且没有受到古罗马文化和拜占庭文化的强势挤压。

在公元纪年的头几个世纪中，渡鸦在动物中心圈中似乎占据核心位置。它的身影既可见于战旗、帽子、剑身、腰带扣、护胸甲的金属搭扣，也时常出现在衿针、扣环、胸针、首饰上。

◀ **奥丁的渡鸦**

这份冰岛 18 世纪中叶的手稿是一份更古老手稿的复制品，原始手稿誊抄了史洛里·斯图鲁松创作的散文《埃达》选段。这份手稿中提到很多北欧神话中重要的神，其中包括全知全能的独眼神奥丁。两只充当信使的渡鸦福金和雾尼始终陪伴在奥丁左右。它们每天都会飞遍人间的每个角落，返回后落脚于奥丁的肩膀，向他报告所见所闻。

雷克雅未克，冰岛研究所，手稿，藏品号 SAM 66，第 73 页

引领亡灵的渡鸦头骨

考古学家发掘出很多维京时代带有渡鸦形象的物
品：兵器、首饰、服饰等。在古尸旁边也发掘出
了大量渡鸦骸骨，有时是渡鸦完整的头骨，但头
骨相对罕见。将渡鸦埋葬在不论性别的死者身旁
是为了确保渡鸦可将亡灵带到另外的世界。

林德霍姆山（丹麦）一处墓穴中发掘的渡鸦头
骨，9 或 10 世纪

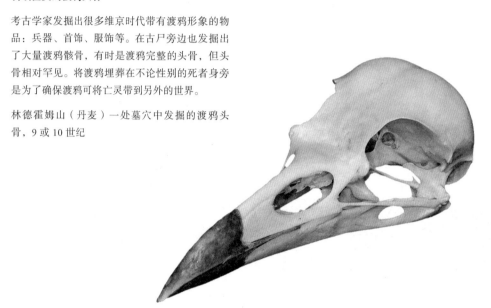

在这些地方，它的功能依旧是保护性大于装饰性，即便是妇女
佩戴的珠宝首饰也是如此。考古学家曾发掘出各种带有渡鸦形
象的女性服饰配件。甚至在某些女尸身旁，还曾发掘出渡鸦的
骸骨，这一点和战士墓穴中的场景一样。在逝者身边埋葬渡鸦
是为了保证亡灵能被它引领去另一个世界。

　　在基督教诞生前，人类对渡鸦的崇拜主要被古墓中发掘出
的殉葬物品证实。大量殉葬品上都装饰有渡鸦的形象，有些是

完整的渡鸦，也有经过设计的装饰性、艺术性更强的渡鸦，还有变形的渡鸦，甚至有渡鸦头部单独出现的图案。渡鸦的嘴很明显，经常被夸张地放大或被描绘成弯曲的形状，有时会导致人们误认为那是鹰或其他猛禽。但北欧民族对鹰和猛禽没有特别的信仰。渡鸦在北方民族对鸟类的崇拜中占据核心地位，对鹰和其他猛禽的崇拜主要集中在南部。渡鸦的形象有时独自出现，有时和其他动物一起出现，这些动物也有庇护战士的作用。在波罗的海上的厄兰岛发掘的、年代可追溯至 12 或 13 世纪的托斯伦达版画中描绘的正是这种场景[18]。通过头部和嘴部可以很明显识别出有两只渡鸦站在两个全副武装的战士的头盔上，它们好像在鼓动战士勇赴沙场！在某些北欧传说中，关于梦境的故事也很常见。有时，一位将领或英雄会梦到一只前来为他通报危险的渡鸦；有时，梦中的渡鸦可能会化身为一位已经故去的祖先或守护者的形象；有时，英雄自己在梦中就会化身令人闻风丧胆的渡鸦以吓退敌人，而敌人通常由狼、熊或野猪代表。口述故事或各种形式的意象符号均可证实动物形象与战争之间的潜在联系[19]。

在稍晚一些的维京时代，即约 8～10 世纪，渡鸦仍频繁出现在旌麾或旗帜上。北欧传说中的各种故事反映出水手对这种守护性鸟儿的信任，人们经常将渡鸦的形象作为护身符印在船帆上或雕刻在船首。北欧神话中还讲述了渡鸦嘶哑的叫声是如

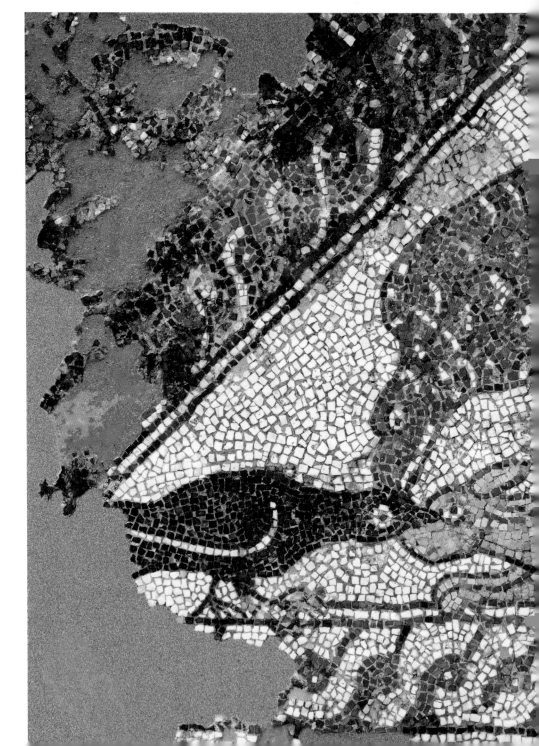

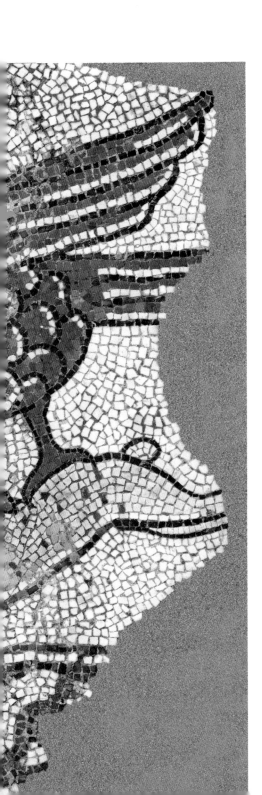

老鹰与渡鸦

这两种鸟互相厌恶，在早期的基督教艺术品中甚至经常相互对立。图上的地面镶嵌画已经很难界定准确年代。画面中描绘的场景是：渡鸦试图啄瞎野兔的眼睛，老鹰用爪子抓住野兔想把它从渡鸦嘴里解救出来。老鹰代表了耶稣基督，野兔代表信徒，而渡鸦则代表邪魔外道。

地面镶嵌画（细节），巴伦西亚圣-艾蒂安圣洗堂，5 或 6 世纪。巴伦西亚，艺术考古博物馆

何构成斯堪的纳维亚战士们特有的战争口号的。北国的战士们将渡鸦的形象立在长杆顶端或绣在布料上带到沙场。11世纪70年代初，由诺曼底一位骑士收藏的在巴约发现的刺绣品即是如此。在约公元1000年，一位未留下姓名的编年史作者讲述了盎格鲁－撒克逊国王阿尔弗雷德在英格兰北部与丹麦入侵者作战的故事。战争发生在约876～878年，丹麦人拥有一面神奇的战旗：和平时期，旗帜洁白无瑕；待到战时，旗帜上会出现一只黑渡鸦，它不停扇动翅膀，蹬动爪子，用嘴四下啄击并发出令人胆寒的叫声[20]。

渡鸦在北欧符号和意象系统中占有重要地位，这不禁令人做出以下联想：当12世纪纹章学出现时，也曾出现某种动物形象，该形象也许结合了古罗马的鹰与日耳曼－斯堪的纳维亚人的渡鸦形象。此处先按下不表，后文中我们再详谈。

罗马预言

让我们离开北欧，一路向南，来到地中海沿岸。罗马人对渡鸦的崇拜不像凯尔特人和日耳曼人那般直白强烈，但他们也欣赏渡鸦的记忆力、智慧及它未卜先知的天赋。古希腊人也是如此[21]。在罗马，渡鸦的黑色羽毛并非不信任或被排斥的标志。

泉水边解渴的渡鸦

庞贝古城、赫库兰尼姆古城和斯塔比亚古城都是维苏威火山喷发（79）后被石头、火山灰和熔岩埋葬的城市。在这三座古城遗址发掘出的建筑、绘画或雕塑中出现了大量动物形象。在这些动物形象中充斥着古罗马人偏爱的各种鸟类和动物。

某私人喷泉上的雕塑，发现于斯塔比亚圣马可别墅，1 世纪

对于罗马人来说，存在两种黑色：一种叫"ater"，是晦暗的、阴郁的、令人生厌的，有时甚至是令人胆寒的黑色；另一种叫"niger"，是饱和的、吸引人的，有时甚至是泛着光芒的黑色，它似乎可以照亮漆黑，让人在暗夜中依旧可以辨识一切[22]。在

古日耳曼语系各语言中也对晦暗不祥的黑（swart）和润泽饱和的黑（blaek）加以明确区分[23]。不论南北，在大多数古代欧洲社会中，美丽的、润泽的黑色都是创造力和知识的媒介，而最能代表这种黑色的动物便是渡鸦。它是观察人间的鸟，是预知人类命运的鸟。

1世纪，普林尼写就的《自然史》是西方文化的奠基性作品之一。在该书第10卷，他将极大的篇幅贡献给渡鸦。相比其他鸟类，他似乎对渡鸦情有独钟，极力赞颂它惊人的洞察力和记忆力、亲人的性格及讲话的能力[24]。普林尼讲述了一只在罗马出生的渡鸦令人震惊的故事。这只渡鸦在罗马一座寺庙的墙角出生，之后被一位谦逊的鞋匠收养、驯服。这位手工业者不仅教会渡鸦大量简单的单词，甚至还教会它造句。每天早上，渡鸦都会飞到罗马广场向提贝里乌斯皇帝（公元14～37年在位）的雕像致敬。它直呼皇帝姓名，并将他称作尊敬的国君。渡鸦也会向日耳曼尼库斯将军和德鲁苏斯将军致敬，甚至会和广场上聚集的大众打招呼。渐渐地，民众开始习惯渡鸦每日恪守的行为，他们会驻足倾听它讲话。如此，渡鸦顿时名声大噪，妇孺皆知。一日，另一个鞋匠因嫉妒和报复心抢走了渡鸦，他扭断了它的脖子让它无法再开口说话。最终，罪人被判处死刑，人们为渡鸦举行了盛大的葬礼。众多民众跟着送葬的队伍一路呜咽着从罗马中心走到沿着亚壁古道而建的焚尸台[25]。

嫉妒的目光

这幅地面镶嵌画来自安塔基亚（土耳其）的一座古罗马别墅，展现了善恶之争的场景。正直的人的眼睛受到"嫉妒"（在画上由魔鬼代表）的挑衅：各种锋利的兵器刺向它，其中包括一支三叉戟和一把剑；一系列邪恶的动物攻击它，如狗、野猫、蛇、蝎子、北螈和渡鸦。

地面镶嵌画，安塔基亚，2世纪末。安塔基亚，哈塔伊省考古博物馆

　　埃里亚努斯是用希腊语写作的古罗马作家。3 世纪初期，他编纂了一本和动物有关的故事集[26]。他提到，大多数渡鸦不仅可以学说人类的语言，还可以模仿各种声音，从狼嚎、狐狸嘶鸣到猪哼或马车轮子的吱吱嘎嘎声都不在话下。和普林尼一样，埃里亚努斯明确提到从渡鸦的叫声中可以非常明显地辨别出六十四种不同音调，这些音调自由组合让它得以模仿大量声音，甚至像人一样输出句子[27]。2、3 世纪之交，文法学家非斯都、历史学家卡西乌斯·狄奥等一系列作者在该问题上更进一步，他们认为，渡鸦的叫声中可以区分不同节奏（速度或快或慢）、语调（尖锐或低沉）、重音、话语持续时间及语句间的无声间隔。由此得出结论：渡鸦之间也会交流，它们是所有鸟类中最爱叫、最有洞察力的种类[28]。

　　普林尼及其理论继承者对渡鸦叫声的论述也激发了人们对渡鸦预言能力的研究。实施鸟占术在古罗马人和许多其他古代民族中非常常见[29]。鸟占术指通过观察鸟在空中的飞翔、研究它们面对食物时的行为、聆听其叫声、仔细分析其叫声中的音调变化，从中提取关于或近或远的未来的相关信息，之后做出相应的决策[30]。当然，为实行鸟占术，渡鸦并非唯一被观察的鸟类，但是它与公鸡、雏鸡、鹅和其他某些种类确实是鸟占术中的"C 位明星"。渡鸦的预言应该是其中最受人遵从的。根据普林尼的说法，"渡鸦是唯一——种似乎能明白自己预言的真正含

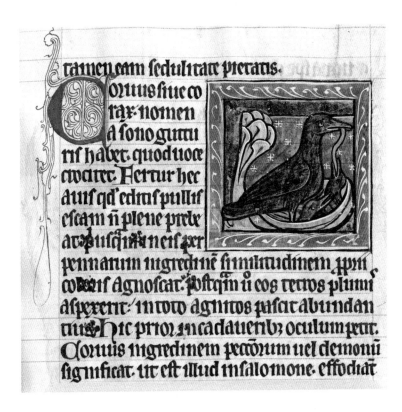

渡鸦的名称

中世纪时用拉丁语写就的动物寓言非常重视词源学，主要参考资料是普林尼、埃里亚努斯和圣依西多禄的作品。通常情况下，描述各种动物的章节皆以词源学分析开篇。上图的文章即是如此。文章中指出，在拉丁语中有两个单词可以指代渡鸦："corvus"和"corax"。这两个单词都可以让人联想到从渡鸦嗓子里发出的沙哑的叫声。

拉丁语动物书籍，约 1240 年。牛津，博德利图书馆（即牛津大学总图书馆），藏品号 Ms. Bodley 764，第 79 张

义的鸟类"[31]。对此，存在两种解释：1.渡鸦是所有鸟类中最聪明的，甚至是所有动物中最具智慧的（后文中将做详细解释）；2.阿波罗经常借渡鸦之嘴发声，阿波罗是古希腊罗马神话体系中的主神之一。因此，渡鸦的预言从来都不会毫无意义[32]。

在罗马，人们经常通过观察渡鸦进行占卜。人们不仅观察它们在天空中的行为，飞行方向，翅膀的抖动，在陆地上、树上、枝头、屋顶上的姿态，还会仔细聆听它们发出的嘶哑叫声。渡鸦的嘶鸣其实很像对正在发生或已经发生的事件的评论。在古罗马，渡鸦首先意味着一种声音——神的信使的声音，之后才是一种鸟——一种周身漆黑的鸟，时而是吉兆，时而令人不安。静默的渡鸦比嘶吼不停的渡鸦更让人胆寒。在拉丁语中存在两个动词可以描述渡鸦呱呱叫的行为，在所有鸟类中这是一个特例。"crocire"一词用来描述渡鸦在生气或威胁时发出的嘶哑叫声；"coracinare"则用来指代渡鸦愉悦的鸣叫，听起来更嘈杂，甚至像歌唱，通常是为了宣布好消息。第二个动词的词根"corax"，是希腊语中表示"鸟"的名词。7世纪初，圣依西多禄用这个词解释了"corvus"（拉丁语，渡鸦）一词的词源：*corvus sive corax nomen a sono gutturis habet quod voce coracinet.*（渡鸦的名字源于它嗓子里发出的叫声，它发出嘶哑的声音聒噪不停歇。）[33]

圣依西多禄是中古时代词源学之父，对他来说，渡鸦似乎是吉祥之鸟。但他应该是西方基督教徒中最后一批这样认为的作者之一了。这种通体乌黑的鸟长久以来一直受到古代社会的尊敬与崇拜，到 7 世纪，却成为一种亵渎宗教、令人厌恶甚至可致人死亡的生物。

2 亵渎宗教之鸟
（从《圣经》到教会圣师）

◄ **阴险的渡鸦**

渡鸦是《圣经》中紧随蛇之后第二个出场的动物。和蛇一样，它也没有什么好名声。《创世记》中，诺亚在洪水之后派渡鸦出去观察洪水是否已经退下，但它却没能及时返回方舟为众人带来好消息，反而在路上耽搁，贪婪地享用各种尸体。

威尼斯，圣马可大教堂，前廊穹顶镶嵌画（细节），13世纪

　　基督教在中世纪取得万流归宗地位，当时，异教或无宗教者遗留的文化遗产相较《圣经》遗产的影响微不足道。前者对渡鸦相对友好，而后者将渡鸦视作敌人。从教会圣师到后世的很多作者在长达两千年的时间里都将渡鸦塑造成一个消极的意象符号。这一趋势的源头应见于《创世记》，更准确地说，是出现在有关诺亚时代的洪水的章节中：暴风雨平息后，诺亚让渡鸦充当自己的信使，命渡鸦观察洪水水位是否开始下降。但比起给大家带回好消息，渡鸦显然更喜欢在途中流连，贪婪地享用各类尸体。这种自私、贪恋尸体的品性让它受到神的诅咒，同时在很长一段时期内，使其成为满身罪恶的动物之一。此外，渡鸦通体漆黑的毛色难道不是它恶劣本性的外在表现吗？它更愿意疏远、躲避上帝，借着一身黑色的羽毛生活在黑暗之中。大多数《圣经》注释家、动物寓言作家、百科全书作家在这一点上都能达成共识。虽然在《旧约》比较靠后的章节中也曾出现行善的渡鸦形象，但这远不足以重新定义这种鸟的象征意义。从那时起，渡鸦就呈现出绝对负面的形象，这种情况一直持续至当代。

　　对于历史学家来说这不失为一件好事，因为不论他们研究的是哪个时代，不论参考哪类资料（讲道、神学专论、学术经典、文学作品、编年史、个人见闻记录或各类意象符号），名声不好的动物总是拥有更多的资料记载，更常被提及、被评论。

《圣经》材料

为将渡鸦定义为一种不好的动物甚至是恶魔般的动物，教会圣师及其后继者可用的《圣经》资料并不多。虽说渡鸦是《圣经》开篇后第二种被提到的动物（在蛇之后），但《圣经》注解和符号体系分析可依托的关于渡鸦的章节并不多，它在《圣经》中算不上明星动物。诚然，在这方面也要将词汇与翻译的困难考虑进来，尤其是对《旧约》来说。希伯来语《圣经》甚至七十子希腊文本《圣经》中都只明确提及了某几类动物。在《圣经》中，当提到邪恶动物时，人们总是使用模糊的表达或带有暗喻性的说法，如"空中的生物""与上帝作对的动物""残忍的爬行野兽""水中的怪兽"等。甚至连《圣经》中的动物之王——狮子也鲜少对应唯一的特定单词，这与家养动物不同，后者一般都会有明确名称[34]。人们普遍认为，《圣经》最初的拉丁语译本及圣杰罗姆完成于 5 世纪初的拉丁语译本中最先出现了各个物种的准确名称。在以前的版本中出现的"巨大生物""可怕的野兽""长着漆黑羽毛的飞禽"被译成"大象""鳄鱼"和"渡鸦"。因此，历史学家务必努力识别出中世纪神学家在对某个段落进行评述或对某种动物形象做出有趣的评价时使用了哪个版本或译本的《圣经》。和更古老的版本相

四只白鸽在水盆中饮水

白鸽在希腊和罗马是神圣之鸟，尤其是献给阿佛洛狄忒（维纳斯）的白鸽。人们会在庙宇周围饲养白鸽。除了白鸽外，其他毛色的鸽子也受人喜爱。这幅著名的镶嵌画是苏索斯·德·佩尔加姆作品的复制品，普林尼曾在作品中描绘过苏索斯的作品。这幅镶嵌画的作者将白鸽羽毛的颜色、水的清澈和金属的光泽表现得淋漓尽致。

地面镶嵌画（细节），哈德良离宫，蒂沃利，125～133年。罗马，卡皮托林博物馆，新宫

比，他的论述很可能被某一个过分明确的选词或某个不确定表达的错误翻译影响 [35]。

但渡鸦却似乎完全不受该问题的影响。有它出现的《圣经》段落数量不多，这些段落中几乎没有语义模糊或存疑的情况。但仍存在两处，会让人疑惑此处说的是渡鸦还是秃鹫（或其他猛禽）。希伯来语的渡鸦为"orêb"，翻译成希腊语时会被译作"korax"，翻译成拉丁语时写作"corvus" [36]。公渡鸦和母渡鸦在古希伯来语中用同一个单词表达，因此也许公、母渡鸦会被混淆，但是渡鸦的雌雄在《圣经》中并未被刻意强调 [37]。因此，谈到渡鸦时，几乎不涉及词语指代不明的问题，这和其他很多鸟类（如鹰，经常被当作猛禽的统称）或海洋怪兽及危险、令人生畏的野生四足动物不同，如狼、豹、天鹅等。

直至现代，甚至当代，《圣经》中涉及渡鸦的最著名，也是教会圣师及其后继者最常评论的段落当属描述诺亚时代大洪水退去时渡鸦表现的部分。这个段落非常短，只有两句（《创世记》8，6-7），但它让后人颇费笔墨，且极大地损坏了渡鸦的名声。后文中我们再详谈。

另一段涉及渡鸦的段落就没那么经常被评析注释了，也许是因为渡鸦在这一段里形象良好，充当了上帝的使者。这一段出现在《列王纪上》有关以利亚先知的故事中。以利亚是《旧约》中的主要人物之一，也是唯一没有经历死亡的重要人物：

上帝用火战车接他升天，荣归天家。在此之前，他施行神迹、纠正不公、与崇拜巴力的信仰做斗争、惩处亵渎宗教的王公平民、试图让以色列王亚哈和王后耶洗别信仰耶和华但终以失败告终，最终他选定自己的学生以利沙为继承者。他是神的代言人，预言了中世纪基督教的所有圣徒。

以利亚的渡鸦，《诗篇》中的渡鸦

在与以色列王亚哈闹翻后，以利亚预言世间将出现一场大旱，于是他退隐于沙漠。在沙漠中，他忍饥挨饿，气力渐无。耶和华将他引领到一条河流边，并对他说："你要喝那溪谷里的水；我已吩咐渡鸦在那里供养你。"每日清晨，一只渡鸦便会在他头顶盘旋，将一块面包扔在他长衫的下摆处，每日夜晚，另

▶ **被渡鸦供养的以利亚**

退隐至沙漠后，先知以利亚忍饥挨饿，气力渐无。耶和华将他引到一条溪流边，让他饮用河水，并告诉他有两只渡鸦将来供养他。每天清晨，一只渡鸦会在他头顶盘旋，并扔给他一块面包，每天傍晚，另一只渡鸦来给他送肉（《列王纪上》17，1-7）。供养以利亚的渡鸦有时会被比作耶稣，《旧约》中的这个片段也映射了领圣餐时的面包与红酒。

让·德·曼德维尔，《海外旅行》，约 1410 年。伦敦，大英图书馆，藏品号 MS Add. 24189，第 8 页反面

一只渡鸦也会在他头顶盘旋，将肉扔到他长衫的下摆处（《列王纪上》17，1-7）。

中世纪及近代早期，上述场景有时可见于修道院的食堂里，但由上帝选定并指派渡鸦供养以利亚这件事好像让某些社会群体，尤其是某些艺术家不甚满意。为让人更坚信圣灵在乎以利亚在沙漠中的死活，这种全身黑色、臭名昭著的鸟有时会被白鸽取代。另外，人们更愿意在食堂里描绘后续章节中发生的故事，尤其是在修道院的食堂中。《圣经》后文中记载，以利亚取水的河流也干涸了，他艰难地走到撒勒法，在那里，一个可怜的寡妇用自己仅有的水和食物供养了以利亚。寡妇的善举终得回报：不久以后，以利亚让他早逝的儿子复活了（《列王纪上》17，9-24）。

以利亚的渡鸦是乐善好施的鸟，但这种情况是个例外，因此很难解释，除非换个思路解读：并不是渡鸦供养以利亚，其实是耶和华，渡鸦不过是跑腿的。另外，在《旧约》和《新约》中，渡鸦总共以消极形象出现过十二次。在很多段落中，以图像或比喻的方式强调了它令人惴惴不安的乌黑毛色、贪婪阴险的性格以及经常出没于废墟荒野的习性。对于中世纪神学家而言，这些片段加上诺亚方舟中涉及渡鸦的段落，足以构成绝对令人信服的结论，用以强调、评论、突出渡鸦的丑恶形象。

在《圣经》时代，渡鸦在整个近东都是非常常见的鸟，希

以利亚的渡鸦

每天早上，一只由上帝派来的渡鸦会给先知以利亚送来面包。在各种图画中，面包都是圆形的。在古代和中古时期，面包不可能是长条形的。图片中的面包是当代才出现的，长条形的面包熟得更快也更便于携带。

拉丁语《圣经》，约 1250 年。马德里，皇家历史学院图书馆

伯来人可以很轻易地观察它。摩西律法将渡鸦归入不洁的动物（《利未记》15，15；《申命记》14，14），很可能是因为它是一种食肉动物，经常以不洁之物为食，有时甚至会吃人类尸体。它在各处均被看作凶兆或不祥之物。在《箴言》中，渡鸦是神实施惩罚的工具："戏笑父亲，藐视而不听从母亲的，他的眼睛必被谷中的渡鸦啄出来，为鹰雏所吃。"（《箴言》30，17）在《以

赛亚书》中，它是即将迁到荒芜之地以东的邪恶动物之一。以东是以色列的敌人，上帝将让它毁灭："这将是猛禽与刺猬的领地，猫头鹰与渡鸦也将在此居住。"（《以赛亚书》34，11）《圣经》中只要列出作恶的动物，不论列表长短，渡鸦准在其中。甚至很多次，它都是列表中的核心。

　　另外，在《诗篇》（147，9）或《约伯记》（38，41）中都提到主曾赐食给渡鸦的雏鸟。至少在这些段落中，渡鸦应该还算是好动物，但这也许是解读上的错误。耶和华之所以为小渡鸦赐食很可能是因为成年渡鸦对幼崽过于残忍：渡鸦雏鸟出生时是浅褐色或浅灰色羽毛，直至其毛色变成乌黑之前，成年渡鸦都不会承认那些雏鸟是自己的孩子，更不会喂养它们。如此残忍的行为可以持续几天甚至几周。依照《圣经》的说法，在此期间，上帝是亲自在为成年渡鸦的残忍打掩护。此处，《旧约》显然参考了一个非常古老的说法，这种说法在普林尼或埃里亚努斯的著作中也曾出现，在中世纪与动物或鸟类相关的作品中也曾出现，甚至在某些当代寓言中也曾出现：在渡鸦雏鸟的毛色没有完全变黑之前，成年渡鸦不会将它们看作自己的孩子，因此拒绝为它们提供温暖，拒绝爱抚、喂食甚至教育它们。

刺猬与乌鸦，不祥的动物

以赛亚的预言说，以色列的敌人以东将被野兽入侵、摧毁。"鹈鹕、刺猬却要得为业；猫头鹰、乌鸦要住在其间。"（《以赛亚书》34，11）这条预言在《西番雅书》（2，14）中再次被提及，宣告了亚述、尼尼微的灭亡。只要《圣经》某一章节中提及不祥的动物，数量不论多寡，乌鸦准在其中。

亚眠，圣母教堂，西侧外立面，圣菲尔明门，约 1220～1230 年

诺亚方舟

让我们再次回到《创世记》中漂浮在洪水之上的诺亚方舟的故事。这次让我们以拉丁语《圣经》为基础（因为希伯来语《圣经》存在很多不同版本）。也许除了西方最古老的寓言故事之一《乌鸦与狐狸》，再也没有哪篇文章对渡鸦的伤害如此之大了。

《圣经》中并未明确提到任何一种登上诺亚方舟的动物种类的名称，仅将上帝给予诺亚的命令叙述如下：

> 凡有血肉的活物，每样两个，一公一母，你要带进方舟，好在你那里保全生命；飞鸟各从其类，牲畜各从其类，地上的昆虫各从其类，每样两个，要到你那里，好保全生命。（《创世记》6，19-21）

因此，后世的艺术家在以此章节为题进行创作时，便可自由选择他们想要放到诺亚方舟上的动物，或者说他们不得不做出选择，因为无论对画家、雕塑家、版画家、素描画家还是玻璃彩绘大师来说，方舟上可以展现的动物种类都是有限的，因此必须加以限制。他们不得不做出选择或"选拔"。这些选择对

诺亚方舟上的动物

"凡有血肉的活物,每样两个,一公一母,你要带进方舟,好在你那里保全生命。"
(《创世记》6,19) 画师们会竭尽全力展示出每种动物一公一母两个个体,但有时,
他们会忘记画出或没地方画出两个个体。在这幅画上,牛和狐狸就是单独出现的,
很多鸟也只有一只。

居亚特·德·穆兰,《圣经史》,约 1410 年。巴黎,法国国家图书馆,藏品号 ms.
fr. 9,第 15 张

历史学家来说是非常重要的文化史研究材料，因为这并非简单的个人喜好或感觉的表达，而是反映当时、当地及特定社会的价值观体系、思维方式、感觉方式、知识水平和动物学分类的重要资料。有必要针对不同历史时期、不同宗教和文化甚至不同艺术流派认真仔细地研究这些选择。

以中世纪艺术品为例，诺亚方舟航行在一片汪洋之上，其上并不总能辨识出到底有哪些动物。但只要有动物形象被描绘，狮子十有八九位列其中。它是一直以来，不论在何种图像上唯一固定出现于诺亚方舟上的动物。通常情况下，狮子身旁还会有其他种类的四足动物陪伴（"四足动物"也是中世纪提出的概念），且种类不定，最常见的是熊、野猪和鹿。因此，中世纪时，狮子这种四足动物在方舟上独领风骚。也许是因为四足野兽比其他动物看起来动物性更强。家养动物有时很难被准确辨别出种类，出现在方舟上的频率也少得多。至于鸟类就更罕见了，它们出现的概率仅有25%，但渡鸦和白鸽是例外。它们是诺亚方舟故事中的主角。啮齿类的小动物和蛇更罕见。在方舟上从未出现过昆虫（现代意义上的昆虫）和鱼。鱼都是出现在方舟之下，在水中。有将近三分之一的情况，同一种动物只有一个个体出现在画面上，且雌雄不定。即使在画幅很大的图像上，也很难见到方舟上载着超过十种不同种类的动物，通常情况下是五六种，有时更少[38]。

航行在洪水上的方舟

留给画师的画幅总是不足以呈现出方舟上数量众多的动物。因此，画师们必须对出现在画作上的动物形象进行选择。这种选择对历史学家来说是非常重要的文化史研究资料：船上有什么动物，绝不会出现什么动物。渡鸦是无论如何都会出现在画面上的鸟，但它在画面中的位置不会是方舟之上，而是准备好啄食漂浮在水面上的尸体。

马奇卓斯基《圣经》绘本，约 1250 年。纽约，摩根图书馆，藏品号 Ms. M 638，第 2 张反面

教堂的彩绘玻璃窗上不使用黑色

在中世纪画作中,动物的颜色没有一定之规,渡鸦也是。图片上是沙特尔主教座堂的彩绘玻璃,画面描绘了大洪水时期,渡鸦虽然是阴险的食尸之鸟,羽毛却不是黑色而是粉红色的。彩绘玻璃窗绝不会使用黑色玻璃。

沙特尔,圣母教堂,中殿北侧玻璃窗。诺亚方舟的故事,47 号窗,17 号圆形玻璃彩绘,约 1210~1215 年

在诺亚方舟的故事中,有两种动物比其他动物都重要:渡鸦和白鸽。另外,它们也是《创世记》中仅有的两种被明确指出物种的动物。在洪水来临之前,一对渡鸦和其他动物一起登上方舟。洪水开始退去时,诺亚放出其中一只,命令它前去探路,看还要多久才能下船登陆。但是渡鸦却迟迟没有回来:它没有将洪水退去的好消息带回,反而急着吃漂在水面上的尸体。诺亚只好分两次放出白鸽,最终,白鸽嘴里衔着橄榄枝飞回。看到橄榄枝,诺亚立刻明白,洪水已经退去,可以登陆了。方舟最终停靠在亚拉腊山,船上的动物都重获自由,它们一公一母结伴下船,并在陆地上逐渐繁衍。渡鸦因为没有将好消息

带回，而是贪婪地流连于死尸，最终被诅咒，它的子子孙孙也永世背负着诅咒。对于希伯来人来说，渡鸦始终是一种邪恶的、致死的鸟（前文中我们已经看到，古希腊人、古罗马人、凯尔特人、日耳曼人都不这样认为）；而白鸽则是值得褒奖的神圣之鸟 [39]。对于《圣经》批评来说，白鸽最终返回方舟也预示着圣灵的白鸽在圣灵降临节那日降在使徒身上。

仅用寥寥几句经文，拉丁语《圣经》就塑造出两种中古时代象征体系中相互对立的鸟。这种对立不仅体现在动物学上，同时也反映在色彩上。渡鸦从那时起便成为白鸽的对立面，它是圣灵的敌人，是魔鬼的创造物；它黑色的羽毛也逐渐成为其独一无二的绝对代表，与白色相对 [40]。

教会圣师与动物

教会圣师及后世的神学家针对动物主题发表了很多观点，其中有两派观点明显相互对立。一种观点认为，必须将人与动物相对立。因为人是依照神的形象创造的，而动物是被驯服的、不完美的甚至不洁的。另有不少人认为，在人与动物之间存在某种生物社群或亲缘关系，且这种社群或亲缘关系并不局限于生物性。第一种观点显然占上风，它解释了为何教会圣师和神学家如此经常提及动物的问题。将人与动物对立，让动物成为低级创造物或陪衬角色势必导致人们经常谈论动物，使其介入所有话题，使其在所有暗喻和对比中占据特殊地位。简而言之，如此一来，借用克劳德·李维－史陀的名言，可以让动物被"符号化"[41]。第二种观点的影响范围虽不及第一种大，但也非常重要。它源于亚里士多德和圣保罗的思想。事实上，亚里士多德提出，所有有生命的生物可以构成一个集合。这种思想贯穿他涉及自然哲学的著作。整个中世纪，亚里士多德的思想与著作分阶段传播，13 世纪迎来其影响的高峰期[42]。亚里士多德精神遗产的传播恰巧与基督教传统中某种针对动物的观点不谋而合，虽然二者的起源不同，但这客观上促进了亚里士多德思想的传播。基督教传统中宣扬的与动物世界相关的论点源自与圣保罗相关的经文，特别是《罗马书》中提到世界末日和未来的段落："但受造之物仍然指望脱离败坏的辖制，得享神儿女自由的荣耀。"（《罗马书》8，21）

　　为发表有关动物意象的演说，尤其是与本书主题渡鸦相关的演说，教会圣师有两种主要参考材料——《圣经》及普林尼的《自然史》。《自然史》是 1 世纪由异教徒编纂而成的书籍，但这并不妨碍教会圣师及其继承者仔细阅读并大量引用其中的观点。得以保存的超过三百份《自然史》的中世纪手抄本足以证明该作品在历史上获得的成功及其持续不断的影响力[43]。即便是最古老的手抄本也没能将《自然史》的三十七卷全部抄录，但所有版本都包括第五卷中有关鸟类的内容，尤其是有关渡鸦的智慧和预见能力的段落。

在所有圣师中，圣徒耶柔米（347～420）和奥古斯丁（354～430）似乎是普林尼最勤勉的读者。耶柔米将《自然史》称作"令人赞赏的美丽作品"[44]，他在这部著作中查找各种信息或注释以便为《圣经》中涉及动物、植物和石头的章节作注[45]。他主要致力于文献学研究，与此同时，在古代百科全书式的知识体系和宗教经典之间建立了坚固而持续的联系。另外，对于耶柔米和其他基督教作者来说，《圣经》本就是一部浩瀚的百科全书，因此将两者进行对比合情合理。奥古斯丁的想法则截然不同。他和耶柔米不同，他不是文献学家，不懂希伯来语，对希腊语也不是很精通，他很少拘泥于《圣经》文本的字面意思[46]，而是不停探索文字背后的隐喻奥义。奥古斯丁对《圣经》的注释始终以经文是如何被"启发"的为出发点，试图说明应如何找寻事件或生物的本质。他比耶柔米更注重划定世俗知识的界限，因此，奥古斯丁认为普林尼是一位怀疑论的悲观主义作者[47]，他否认任何形式的神性的存在[48]。《自然史》中推崇某些物种的原因只在于该物种本身，而非布丰（1707～1788）口中的"天父"或奥古斯丁口中的"上帝"。奥古斯丁对这些段落全部弃之不用。以下为普林尼赞颂渡鸦智慧的片段，奥古斯丁对此却刻意绝口不提：

> 克拉特鲁斯喜欢在亚洲一处叫埃里泽纳（Erizène）地区的森林中打猎。为此，他驯服了渡鸦，以便让渡鸦为他指明方向。在他打猎时，渡鸦就立在他的肩膀或头盔上。渡鸦借助比狗还灵敏的嗅觉可以寻找、诱出猎物。克拉特鲁斯和渡鸦之间的配合天衣无缝，有时他甚至会在野生渡鸦的帮助下狩猎。若提到渡鸦的聪明才智，不少作者还会提到下面的故事：一只渡鸦口渴难耐，它找到一个骨灰瓮，瓮中积蓄了一些雨水。但是瓮体太深了，渡鸦的嘴无法碰到水面更无法触及瓮底。因此，渡鸦将石子一粒一粒扔入瓮中，石子积少成多，水位逐渐上升，最终渡鸦喝到了水。[49]

奥古斯丁与耶柔米还有另一点不同：在看待所有动物（无一例外）时，他都带着不信任甚至厌恶的态度。作为神学家，奥古斯丁刚刚开始接触普林尼的思想，因此他对这些观点还相当陌生。普林尼推崇的思想试图强调在造物主造出的等级分明的世界之外还存在一个生物集合。对于奥古斯丁来说，不能将人与动物混为一谈，因为人是依照神的形象创造的，而动物是不洁的创造物。将人类和动物混为一谈是巨大的罪孽[50]。另外，从个人角度说，动物似乎使奥古斯丁恶心、害怕。应将对动物的拒绝和恐惧归于哪一段特定的童年或青年时期呢？奥古斯丁的自传体作品《忏悔录》洋洋洒洒，内容翔实，但对此问题却只字未提。这倒让奥古斯丁几乎所有作品中都出现的"动物恐惧症"成了一个有趣的研究主题。这种动物恐惧症甚至强烈影响了整个中世纪。对动物的恐惧在一位殷勤地表白"世界是至美之物，因为那是上帝的作品"的作者身上显得格格不入。

奥古斯丁，渡鸦的大敌

奥古斯丁对两种动物恨之入骨：熊和渡鸦。但这两种动物在他生活的时代仍是很多生活在日耳曼尼亚和北欧地区的无宗教信仰者或异教徒的崇拜对象。在奥古斯丁之前，教会圣师已经将熊看作上帝与公平的敌人，但对渡鸦的形象并无统一说法。基于《旧约》中渡鸦供养先知以利亚的章节，圣师们发表了不同观点，有些甚至有点钻牛角尖。和奥古斯丁同时代的保林·德·诺莱（353~431）放弃所有个人财产，就为做出甘受贫困的榜样。他在写给好朋友苏尔皮奇·赛维茹斯的信中将善良的渡鸦和邪恶的渡鸦加以区分。在他看来，不应将《创世记》中自私的、邪恶的渡鸦和《列王纪》中供养他人的渡鸦混为一谈：

这种鸟在《圣经》中时而代表罪恶，时而代表恩赐。渡鸦迟迟不返回方舟或作为对亵渎宗教者的惩罚工具时，它是死亡的代表。《诗篇》中写道："上帝让恶天使传递苦难 [51]［……］但这种鸟也应得到赞赏，因为它早上为先知提供面包，晚上为先知提供肉……"至于渡鸦的毛色，时而是为赞颂圣徒的谦逊，时而是为惩戒恶人。[52]

奥古斯丁对此持不同观点。在他笔下，渡鸦的形象是绝对负面的：它是一种贪婪、作恶、致死的鸟，不努力追寻上帝，反而试图远离上帝。它是恶魔的化身。即便实施善行，给先知以利亚送去食物的渡鸦在他眼里也没有丝毫美德。在奥古斯丁之前写就的《圣经》注释都将以利亚的渡鸦视作将上帝之爱传递给人类的"中间人"。奥古斯丁却偏要质疑让渡鸦来承担这份中介工作的合理性。以利亚真的可以接受由渡鸦带来的食物吗？众所周知，渡鸦是不洁之鸟。受了不洁的动物供养的人类不会也变得不洁吗？他提出了上述问题，却没有给出答案，他的疑虑、困惑和不理解显而易见。为何上帝要选择渡鸦作为"中间人"？是为了考验以利亚吗？还是为了证明即便是邪恶的创造物也要听其命令？或是为了预言刚刚出生的耶稣将被他的子民驱逐并逃到埃及，在那里他要被虽然很热情但已经被"狂热信仰玷污"的子民供养 [53]？

不论他提出何种问题，奥古斯丁都是基督教作者中对渡鸦抱有最大敌意的一位（对熊也是如此）。另外，他也是第一个提出从渡鸦的叫声中可以听到拉丁语单词"cras，cras"（明天，明天）的作者。基于此，他甚至将人和渡鸦联系在一起，他认为人类被渡鸦的罪恶玷污了，总是将悔恨、忏悔和赎罪的苦行拖到明天[54]。也许在奥古斯丁眼中，渡鸦嘶哑的、大不敬的叫声对上帝的亵渎比那身代表耻辱和死亡的黑色羽毛更甚。这种基于听觉而发的想象在奥古斯丁的思想中占重要地位，他基于一个简单的文字游戏提出的对渡鸦叫声的解读吸引了大量作者和布道者借鉴甚至继而丰富其思想，该解读的影响不仅限于中世纪，甚至一直持续至现代。12世纪时，某些加尔文派牧师布道时还会提到渡鸦的叫声和毛色，以鼓励信众不要等到明天才改变生活，应尽早从错误言行的丑恶中脱身。

普鲁塔克从埃斯库罗斯的戏剧中引用过一句话，后又被奥古斯丁借鉴以表述他对渡鸦的看法：

> 它具有毁灭性精神、骗人的思想、亵渎神灵的心、嗜血的贪欲，既不尊重神殿，也不敬畏祭台。[55]

中世纪时，似乎只有一位作家——拉斑·莫尔（约780～856）持不同观点，认为渡鸦是一种值得尊重的鸟。他曾是福

尔达地区修道院院长，后成为美因兹大主教。9世纪40年代初，他著成一部伟大的讲述符号体系的百科全书式专著《论宇宙》（*De universo*），又名《论事物的性质》（*De rerum naturis*），这是一部影响力经久不息的传世之作。诚然，该著作缺乏独创性，但它的特点是在一部著作中总结、糅合了普林尼百科全书般的思想、圣依西多禄的词源学理论及各位用拉丁语写作的教会圣师对《圣经》的隐喻性或道德层面上的注释[56]。因此，拉斑·莫尔为读者留下了非常丰富的资料，这些资料被后世广泛应用，尤其是在12世纪用拉丁语创作的动物寓言作家和13世纪的百科全书作家的写作中。在《论宇宙》一书中，动物占重要地位。对于拉斑·莫尔及之后四百年间模仿他的作家们而言，动物是各种特殊意象的根基，因此需要研究其"特有属性"（身体特征、习性、行为、优缺点），以便从中提取道德的、注释性的、与神学相关的各类解读，并由此探寻隐藏在自然界与物质世界内部的真理。

◀ **渡鸦和"拖延症"**

圣·奥古斯丁是渡鸦的敌人。他认为在渡鸦呱呱呱的叫声中可以听到拉丁语单词"cras, cras"（明天，明天）。他将这种黑色的鸟等同于被它的罪恶玷污的人的形象，如总是将忏悔、悔过和赎罪的苦行拖到明天的疯子或精神失常的人。

塞巴斯蒂安·布兰特，《愚人船》（*La Nef des folz du monde*），巴黎，吉安·菲利普斯（？），1497年。巴黎，法国国家图书馆，珍本馆，藏品号 Vélins 607，第25页在《论宇宙》中，拉斑花费大量篇幅解释鸟的符号体系，其中也涉及渡鸦。在他看来，渡鸦并非如前人所说的，是一种完全消极、阴险恶劣的鸟。它黑色的羽毛并非暗示它是一种阴险、暗黑的鸟，反而象征着讲道者。渡鸦虽然聒噪，但也时刻关心信众的救赎：它费尽口舌让人们皈依天主，这一点与奥古斯丁的观点截然相反。在拉斑看来，渡鸦的叫声中听不到"cras, cras"，但可以听到"corax, corax"（渡鸦，渡鸦）。拉斑·莫尔认为，奥古斯丁似乎混淆了渡鸦和秃鹫（vultur），后者是残忍、嗜血的动物，甚至会吃掉自己的亲生骨肉[57]。拉斑的观点显然有利于渡鸦正面形象的树立，他也是加洛林王朝时期唯一持此观点的作家。当人们发现，拉斑的日耳曼语名字源于"渡鸦"（Hraban/hrabe），且这个名字的拉丁语版本，即他为众人所知的名字的写法 Rabanus Maurus 的字面含义就是"黑色的渡鸦"，他力挺渡鸦的立场就更值得玩味了。当我们谈论某种动物意象，且该动物是我们名字的来源时，就很难说这种动物的坏话了吧。从这一点上说，拉斑的态度也是一个值得关注的特殊存在。

拉斑·莫尔

拉斑·莫尔曾任福尔达修道院院长，后成为美因兹大主教。图上展示的是拉斑·莫尔向教宗额我略四世（827~844）赠书的情景。拉斑·莫尔是中世纪早期唯一一位没有全盘否定渡鸦的作者。不可否认，他已拉丁化的日耳曼语名字 Hrabanus 即为"渡鸦"之意，其别号"Maurus"意为黑色。

拉斑·莫尔，《礼敬圣十字架》（*Liber de laudibus Sanctae Crucis*）。维也纳，奥地利国家图书馆，藏品号 Codex 652，第 2 页

3 向渡鸦宣战（8～12世纪）

La guerre faite au corbeau

◄ **奥托三世**

端坐于宝座之上，威严庄重、帝国的皇帝左手持十字花圆盘，右手擎一柄长长的权杖。权杖上端饰以球饰，球饰上立着一只鸟。要识别这种鸟是何种类并非易事。是基督教的象征——白鸽吗？是神圣罗马帝国后续皇帝的代表——鹰吗？还是日耳曼人曾经奉为神鸟的渡鸦呢？这算是对它最后的回忆吗？

《奥托三世的福音书》，赖歇瑙，约998～1001年。慕尼黑，巴伐利亚州立图书馆，藏品号 Clm 4453，第23页全知全能的造物主赐予渡鸦超高的智商和超强的预见力。在斯堪的纳维亚人心中，渡鸦是奥丁的"军师"；在日耳曼人心中，渡鸦是沃坦的象征。在整个北欧地区，渡鸦这种有远见、诡计多端、气势汹汹的鸟都赢得了人类的崇拜。它曾是各个部落和氏族的守护性标志，是战士和水手的保护者。在上战场之前，有些人甚至会吃它的肉或喝它的血以便在混战中获得其神力辅助。基督教传教士的任务是跋涉千里去欧洲东部或北部向仍对信仰基督一无所知的民众传播福音。相比渡鸦不祥的毛色或阴森的叫声，前文提到的令人胆战心惊的信仰和习俗（有时甚至是极端狂热的崇拜）更令传教士们害怕。

从 8 世纪起，教会开始对这种过分受崇拜的鸟发起战争。这不是一场短短几十年就结束的战争，而是一场持续了几个世纪的旷日持久的战争。因为对手是可上溯至原始时代的古老的迷信与习俗[58]。为在战争中获胜，传教士、主教、神职人员和神学家采取了各种各样的策略，这些策略要么是连续使用的，要么是同时使用的。第一种策略即最大程度上简单粗暴地消灭渡鸦，他们组织了针对渡鸦的真正意义上的大屠杀，尤其在日耳曼地区：弗里斯、萨克森、图林根、弗兰肯等。第二种策略以《圣经》及教会圣师的著作为基础，将渡鸦定义为各种罪恶的化身，是形象恶毒阴险的动物代表中比较重要的一个。同时圣徒传记也不遗余力地展示作为天选之子的圣徒们是如何感化最令人闻风丧胆的创造物并让它们变得受人爱戴的。因此，很多隐修教士都将渡鸦作为自己的伴侣动物、保护神或善举的实行者。最终，在将渡鸦视作恶魔又驯服渡鸦后，教会试图在意象学和战场符号体系中用鹰取代渡鸦。鹰也是一种可怕的鸟类，在基督教理论中占有重要地位。当第一批纹章出现时，鹰确实取代了渡鸦。

公元 1000 年后，尤其是 12 世纪，针对渡鸦的战争貌似终于获得了胜利。在日耳曼地区甚至整个欧洲北部，它都被当作亵渎神灵的鸟，最终跌下神坛。在某些根据古老寓言译本写就的文章或《列那狐的故事》中，渡鸦甚至成了一种可笑的生物。

消灭异教信仰

让我们将时间轴稍向前推，聊一聊 8～10 世纪在日耳曼－斯堪的纳维亚社会中大规模消灭渡鸦的行为。似乎是查理曼大帝的军队于 772～773 年、782～785 年、794～799 年在萨克森和图林根的战役中率先做出摧毁渡鸦种群的举动。在此之后，在日耳曼尼亚北部，针对渡鸦的屠杀行为持续了整整两个世纪，之后甚至扩展到斯堪的纳维亚地区。屠杀行为只针对渡鸦，秃鼻乌鸦和小嘴乌鸦幸免于难，因为只有渡鸦才是当地人崇拜的对象。

从古墓里发掘的渡鸦骸骨和各位作家、旅行家的文字记录中均可看出，当时的渡鸦比如今生活在欧洲的渡鸦体形更大、更重。历史上的渡鸦身长可达 75~80 厘米，体重甚至超过 2 公斤（至少对于那些体形较大的个体来说）。飞行时，其翼展可达约 2 米。相比当代渡鸦，古时的渡鸦嘴巴更粗、更短、更弯曲[59]。所有鸟类对古渡鸦都闻风丧胆，鸢、鸢和猫头鹰也不例外。有时，古渡鸦甚至像一种猛禽，几乎没有天敌。对于某些北半球民族（如凯尔特人、日耳曼人、斯堪的纳维亚人、北美印第安人和西伯利亚地区的某些部落）来说，渡鸦被看作一种可怕的动物，甚至可谓刀枪不入，其地位类似于"鸟中之王"，而"鸟中之王"的形象和地位在其他文化或地区中都是专属于鹰的。在查理曼大帝及其继任者统治时期针对渡鸦的屠杀行动皆可归于消除异教信仰的政策，尤其是消除那些崇拜自然之力的异教信仰。基督教在各地都试图努力消灭原始信仰或至少在影响力

▶ **护鼻为渡鸦造型的头盔**

维京时代的头盔鲜少保留至今，且那个时代的头盔没有添加角做装饰。图上展示的是一顶华丽的头盔，由铁和青铜制成，在瑞典东南部的旺德尔一处亲王墓中被发掘。头盔上饰有贴片画，画上展示了手拿长矛、头戴配有羽饰的头盔的战士形象。头盔的护鼻为渡鸦造型。渡鸦是守护性动物，是主神奥丁的代表。

渡鸦造型护鼻的头盔，7 世纪。斯德哥尔摩，国家历史博物馆

上压制后者。为此，成千上万的树木被砍断或连根拔起，无数石头被移位、砌、磨，无数河流被改道或干脆改建为喷泉，古老信仰尊崇的圣地被改建为礼拜堂，成千上万的熊被猎杀，数不胜数的渡鸦被消灭。曾被日耳曼人过分崇拜的黑色鸟儿被当作耶稣的敌人。作为基督教大规模传教行动的受害者，日耳曼尼亚的渡鸦及斯堪的纳维亚地区的渡鸦在两三个世纪中种群数量急剧下降。之后，因各种各样的原因，古渡鸦的数量持续下降，其中最主要的原因依旧是人类的迫害。渡鸦作为一种有害之鸟，预示着不祥之事的到来，经常捕食家养的小兽或鸟类，猎杀渡鸦在当代欧洲农村成为一种被广泛践行的"运动"，甚至连孩子们也会参与其中。20 世纪，杀死渡鸦最多的人甚至会得到奖励。

接下来，让我们专注于加洛林王朝时期。在萨克森或图林根的森林里，甚至在波罗的海或北海沿岸，相比渡鸦本身，异教徒战士们遵守的各种与渡鸦有关的传统更令传福音的传教士们胆寒：血淋淋的祭祀活动；对鸦科动物的崇拜；习惯将渡鸦骸骨一同葬于墓中以便让其陪伴死者走过最后一段旅程；前文中已经提到，战士在上战场之前，会组织盛大的集会，在集会中，人们甚至会喝渡鸦的血或者吃渡鸦的肉……诚然，熊、狼、野猪也会出现在类似的集会上[60]，但渡鸦显然是出现次数最多的动物，它的出现似乎比生活在丛林中的凶残野兽的形象更令人不适。

盎格鲁－维京硬币

934～941 年，很多在约克铸造的古银币都饰以渡鸦造型。在斯堪的纳维亚人统治的欧洲地区，很多部落或氏族都将渡鸦视作守护之鸟。铸币上的铭文为维京王奥拉夫·古特夫里特松的名字。奥拉夫三世首先统治了图柏林，之后将爱尔兰的部分地区收入囊中，后占领约克，最终统治了整个诺森布里亚王国。奥拉夫三世于941 年去世。

伦敦，大英博物馆，硬币与纪念币馆，藏品号 Inv. 1962.0930

　　以上，是传福音的修道士的观点，也是派修道士去异教领地传教的主教和教皇的观点。教宗圣匝加利亚在 751 年给圣波尼法爵的有关饮食禁忌的回信即是证明。圣波尼法爵史称"日耳曼使徒"，也是德国基督教化的奠基人。波尼法爵及其随行僧侣在弗里斯和萨克森边境传教时意识到，对于刚刚改信基督教的异教族群，不可能（或至少在初期不可能）对其坚持的所有信仰说不。除了消除这些民族对树木、水源、石头的信仰，也应让他们践行饮食戒律吗？如果是的话，要践行哪些呢？波尼法爵向教宗圣匝加利亚提交了一份表单，表单上记录了基督教徒不吃但日耳曼人在献祭之后会吃的野生动物种类。这份表单非常长，不可能要求刚刚皈依的异教民众戛然终止所有曾经根深蒂固的习惯。因此，波尼法爵向教宗询问应最先禁止食用哪些动物。教宗的答复简单明了却非常有教益："尤其不能食用渡鸦。"[61]

　　对于教皇和所有围绕其身侧的神学家来说，基督教徒不应食用被异教徒崇拜的鸟的肉身，更何况这种鸟还在代表冥界的动物圈内占据"C 位"。

撒旦的黑色

在西方，魔鬼形象的建立过程非常缓慢，从 6 世纪一直持续到 11 世纪，且长久以来魔鬼的形象一直未能确定，呈现多样化的特征。在接近公元 1000 年时，其形象趋于固定，呈现出丑陋的、野兽一般的样子。从那时起，为了强调他来自冥界，撒旦的形象通常是瘦骨嶙峋、冷酷无情的。他总是赤身裸体，浑身布满毛发和（或）脓包，丑陋无比；背部一般长有一条尾巴和一双翅膀，翅膀的存在时刻提醒人们他是堕落的天使、叛逆的天神；他长着一双公羊似的叉蹄，头顶一对锋利的犄角，头发杂乱竖起，让人想起嚣张的地狱之火；他总是面露凶色，长满皱纹的脸总在抽搐痉挛。最可怕的并非他的长相，而是他的代表颜色。不论其外形如何，魔鬼永远是通体黑色或身体的一部分是黑色。在各类图画中是如此，甚至在人类的想象中也是如此。

和撒旦一样，听命于他的地狱恶灵也经常被描绘成黑色、赤身裸体、丑陋、骇人的形象。恶灵经常折磨世间男女，附身于人类身上操纵他们，传播罪恶、施行虐待、放火烧山、制造暴雨、在世间传播重大疾病。他们时刻窥伺身体孱弱或患病者的病躯，试图在将死之人的灵魂马上要离开肉体时，将罪恶的灵魂据为己有。借助对耶稣的信仰和虔诚的祷告可以克服这些

魔鬼的黑色身体

和撒旦一样，中世纪的恶灵也经常被描绘成赤身裸体、头顶犄角、瘦骨嶙峋的丑恶模样。为呼应地狱的黑暗，他们的身体通常为黑色。在"称灵魂"的场景中，一个魔鬼努力将天平的托盘压向"恶"的一边，但圣米歇尔时刻关注着亡者灵魂的救赎。

圣米格尔教堂祭坛前，约 1280 年。巴塞罗那，加泰罗尼亚国家艺术博物馆

苦难与罪恶；借助教堂中的烛光、钟声和圣水的洗礼可以免受
恶灵侵害。由主教或其代表施行的驱魔祭祀也可使恶灵退散。

　　不论是在文字资料还是画作中，一提到撒旦或其创造物，
为呈现其形象，人们总会提到一种颜色——黑色。在人类社会
的第一个千年中，黑色逐渐成为基督教中代表"恶之力"的颜
色，但个中原因并不明晰。诚然，地狱之黑暗可以解释所有居
于其中、来往于其中的角色的暗淡与漆黑，但这也不足以解释
一切。《圣经》中鲜少提到颜色，光明倒是常被提及。《圣经》
中经常谈到"黑暗"及其令人压抑和惩罚性的特点，但不会将
"黑暗"与"黑色"直接关联。《圣经》也没有将"黑色"直接
定义为消极的颜色。是那些用拉丁语写作的教会圣师逐渐赋予
"黑色"消极的含义。这一现象很可能是受异教传统或狭义的
《圣经》传统影响[62]。

　　无论如何，不论是公元 1000 年前后还是之后的许多个世纪，
黑色始终用来描绘与撒旦有亲缘关系或依附关系的个体的身体或
服饰。这些个体包括追随撒旦的所有恶魔及一系列被认为从地狱
中走出来的动物，它们身上总有一部分被黑暗覆盖。撒旦喜欢化
身为多种动物，他的代表性动物和构成其地狱朝廷的动物也很
多。这些动物中有真实存在的，如渡鸦、猫头鹰、熊、狼、野
猪、公山羊、猫等，同时不乏拼凑而成或凭空想象出的，如龙、
狮身鹰首兽、蛇怪、蝙蝠（对于中古世纪的动物学研究来说，蝙

蝠既是老鼠又是鸟）等。上述动物都是中世纪文化中被羞辱、被
谴责的动物。不难发现，在这些动物中，皮毛或羽毛颜色灰暗或
习惯于夜间活动的动物占绝大多数。因此，可以说，这些动物都
与黑色有某种特殊关联。由于它们的毛色漆黑，或者由于它们生
活在黑暗之中，因此人们赋予它们魔鬼般的特性。

　　渡鸦是这些不祥动物中的明星。它是所有鸟中毛色最黑的，
甚至是所有动物中最黑的。另外，在中世纪，不论是在拉丁语
中还是在其他本土方言中，当人们想用比喻的方式来强调某物
之黑时，有时会说"像炭一样黑""像墨一样黑"或"像沥青一
样黑"，但最常用的比喻还是"像渡鸦一样黑"[63]。没有什么比
渡鸦更黑了，任何生物、矿物、自然现象甚至黑夜都不如它黑，
除了地狱。这也是为什么教会圣师和后世的作者因其乌黑的羽
毛和引渡亡灵的职责赋予渡鸦如此多的罪恶。在超过千年的时
间中，从圣奥古斯丁到现代社会最初发行的鸟类学著作，只要
提到渡鸦，就充斥着贬义形容词：诡诈、阴险、虚伪、虚荣、
蛮横、偷窃成性、贪婪、令人恶心、卑鄙、食腐、食尸、颓丧、
致命的、地狱的……正因各位作者如此定义渡鸦，这种曾经被
崇拜的鸟，在刚刚基督化的宗教信仰中逐渐失去威信。它失势的
过程非常缓慢、艰难且并不完美。在日耳曼尼亚核心区域，在高
山山谷、苏格兰的群山中和斯堪的纳维亚峡湾[64]，对渡鸦的崇拜
一直持续到 17 世纪，之后甚至与巫术结合。

人名和日期

在日耳曼社会中，中世纪早期的教会不仅要与崇拜渡鸦的异教信仰做斗争，还要努力在人名学领域"站稳脚跟""开疆拓土"。在日耳曼尼亚的异教信仰中，从动物名称演化来的人名非常常见。直至加洛林王朝时期，这些人名甚至染上了一定的图腾性质。熊、狼、鹿、野猪是这些守护性动物中的明星，渡鸦在其中也占据重要地位。在所有鸟类中，它的地位甚至高于鹰、天鹅和隼[65]。很多男子姓名皆由"渡鸦"一词演化而来（在通用日耳曼语中，渡鸦写作 hrabna；在高地德语中，渡鸦写作"hraban"），如 Berthram、Chramsind、Guntrham、Hraban、Ingraban、Wolfram 等。在近三百年间，传教的僧侣及主教试图去除这些在他们看来带着"粗鄙""残忍"之气的名字，在洗礼时用受人尊敬的使徒或圣人的名字为人取名。很明显，在这件事上他们并未取得成功[66]。直到基督教繁盛的中世纪，上述日耳曼名字中的大多数都被保留下来，当然，它们也被或多或少地拉丁化了。之后，一些名字甚至演变出本土形式，被代代相传，一直保留至当代。Wolfram（结合了"狼"与"渡鸦"两个词根）和 Emmeram（"渡鸦之家"）就是例子。还有几个名字甚至被传播到了使用罗曼语的地区，比如，法语男子名 Bertrand 就是从日耳曼语中的 Berthram 变来，意

鸟形衿针

很多鸟形衿针得以保存。衿针多金贵，通常是嵌金属丝花纹的珐琅工艺品，用于勾搭高级服饰的衣襟。大多数衿针可追溯至 5～8 世纪，出自法兰克王国、勃艮第王国或西哥特王国。衿针被塑造成鸟的形状，且多为鹰，但是，在某些情况下这些形象也可被理解为渡鸦。因为通常仅靠鸟嘴的形状不足以确定鸟的种类。

维克陵墓中的鸟形衿针，现法国伊夫林省（5～6 世纪）。圣日耳曼－昂－莱，国家古物博物馆

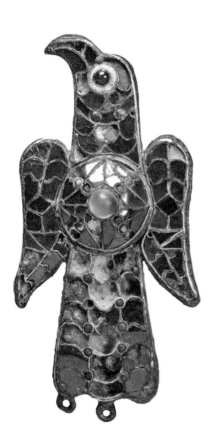

为"像渡鸦一样精明、出众";Gontran("像渡鸦一样好战")和 Enguerrand（极有可能意为"盎格鲁人的渡鸦"）也是如此，但这 些名字始终比较小众，未能得到广泛使用。

在使用凯尔特语的地区，教会在这场面对渡鸦的"战争" 中更占优势。传福音的僧侣和主教很早就成功地禁用了很多 与公、母渡鸦相关的名字。在第一章中我们已经提到过，这 两种渡鸦曾受到人们特别的崇拜。仅有一组带有"bran"的名 字被长久地保留了下来，如 Brann、Branan、Brandan、Brenda、 Brendon 等。"bran"在盖耳语、威尔士语、康沃尔方言和布 列塔尼语中均指公、母渡鸦。在以崔斯坦和伊索尔德为主人 公的小说中，伊索尔德的心腹侍女聪明伶俐，名叫布兰甘妮 （Brangien），意为"白色母渡鸦"[67]。母渡鸦在凯尔特文化中经 常被看作心思缜密的鸟，因此，侍女布兰甘妮可以设计出巧妙 的计策让两个年轻人相遇。在从爱尔兰开往康沃尔的船上，她 让一对璧人在不经意间喝下爱情的迷药。还拥有处女之身的她 又代替童贞已不在的伊索尔德在同国王马克的新婚之夜上了国 王的床。马克作为一个无能的国王、戴绿帽子的丈夫，对这一 切毫无察觉。

除了要在对抗异教人名与崇拜的战斗中英勇作战，教会还 须与一年中的某个时段或某些时段里颂扬渡鸦的异教节日抗衡。 这场斗争也不容易。在基督教诞生之初，神职人员便开始重新安排，（更准确地说是）改变历法。他们需要用基督教节日替换根深蒂固的古罗马节日或带有其他崇拜的节日[68]。在主教管辖的城区，这一过程从 3 世纪持续到 6 世纪，虽推行缓慢，但并无太大阻力与困难。在乡村，情况与城市大不相同，基督教的传播相对较晚。除了宗教性、世俗性的官方节日外，乡下还有很多历史极其悠久的异教节日。这些节日多与季节更替、植物生长周期、星宿位置（二至点、二分点）相关，甚至与古老信仰和传说影响下诞生的习俗有关。想叫停这些节日并非易事，更何况它们与各种不同宗教（凯尔特宗教、日耳曼宗教、斯拉夫宗教）相关，且日期分散于全年。此外，基督教节日通常并非固定日期，而是对应某一根据月亮的黄道位置或圆缺变化确定的历法时刻。因此，对于新兴的基督教节日来说，根据教区不同，节日日期五花八门，直到很久以后，罗马教廷才将所有宗教节日日期统一。

从 6 世纪起，对圣徒崇拜的蓬勃发展及大量为纪念圣徒而确立的节日的出现为各种历法问题带来了有效的解决方法。渐渐出现的基督教节日形成巨大的节日网络体系，完整地覆盖了曾经的罗马人历法和蛮族历法。借此，教会得以抑制，甚至彻底消除某些针对异教神祇、神话英雄、星宿、自然力或动物的崇拜。渡鸦在蛮族历法中享有专属于自己的节日，然而，这个节日和基督教节日一样，并非确定日期，每年的具体日期稍有变化。对于生活在大陆和岛屿上的凯尔特人来说，与渡鸦有关的节日是每年 7 月末（约为 7 月 31 日或 8 月 1 日），即纪念主神鲁格的盛大节日。为将这一节日从日历中去除，中世纪早期的神职人员在这一时期设立了四个节日，专门为纪念三位圣人——玛丽－玛德莱纳（7 月 22 日）、雅克（7 月 25 日）及安娜（7 月 26 日），和一位尤其受人崇拜的圣人——玛尔达（7 月 29 日）。这一措施还算有效。在面对日耳曼人时，教会也采取了同样的措施：日耳曼人将纪念渡鸦的节日或庆典定在另一个日期，约为每年的 11 月 1 日，因此教会将这一日定为"所有圣人的节日"——万圣节。835 年，教皇格里高利四世正式将万圣节确立为宗教节日。

  某些学者认为万圣节的确立是为了取代萨温节——凯尔特立法中最重要的四个节日之一，约在每年的 11 月 1 日[69]。但决定了这个日期的选择的似乎是萨克逊人和弗里斯人的可怕习俗，而非凯尔特人的古老立法[70]。此外，不久之后，在约 10 世纪末期，万圣节的转天，即 11 月 2 日，被克吕尼的教士定为"亡灵节"，这一节日之后迅速在所有教区覆盖的宗教社会和世俗社会中被广泛接受[71]。选择这样一个日期来纪念逝者并不会显得突兀：在中世纪早期的欧洲，渡鸦与死亡之间的联系在各地都被广泛认可。设立这样一个略显阴暗的节日正是为了在众多或多或少已经基督教化的地区消除人们对黑渡鸦的狂热崇拜。

鸟儿神圣的朋友

中世纪早期，教会在与异教对渡鸦的崇拜进行斗争时采用的另一项战略是将渡鸦塑造成圣徒的朋友。圣徒即"神的子民"，是所有基督教徒的完美模板。为人树立完美榜样也是所有圣徒传记的写作目的。此外，渡鸦也并非唯一担此重任的动物，事实与此正相反。

事实上，圣徒传记中充斥着各种各样与动物有关的章节，这些动物通常会变成圣徒们的形象代表，比如圣·厄斯塔什的鹿、圣·埃利吉乌斯的马、圣·热纳维耶芙的绵羊、圣·玛尔特和圣·玛格丽特的龙等等[72]。诸如此类的例子不一而足，圣徒传记中带有动物的文章异常丰富。传记作者乐于重新书写古老的故事，借助丰富多样的与动物有关的章节表现圣徒各种各样的神力，如可以在野兽面前保护人类不受伤害、治愈野兽造成的痛苦、让野兽俯首帖耳、照顾野兽、圣徒和动物间的仁爱、各种各样的神迹或皈依宗教的例子。隐修圣徒被这样或那样的可怕生物帮助或保护的故事是圣徒传记中的常见主题。相比僧侣和主教，隐修教士与动物间的关系更为密切。

在所有圣徒中，圣安东尼（约 251～356，或称"伟大的圣安东尼"）是最具代表性的。他隐居沙漠，和野兽生活在一起，被后人尊称为"基督教修道主义之父"。圣·阿塔纳斯于 4 世纪记录了圣安东尼的生平。他写道：一日，安东尼得知另一位年长的隐修教士生活在上埃及，隐居于沙漠中的某个石窟以躲避迫害，此人便是底比斯的保罗。安东尼决定前去拜访。保罗在石窟中生活了六十年，却从未因缺少食物而烦恼，因为每天都有一只渡鸦给他送来半块面包。安东尼去拜访保罗那日，渡鸦甚至奇迹般地带来了一整块面包。两位修士得以共享一餐，进行了一场真正意义上的"擘饼"活动。不久后，保罗离世，被安葬在一个由两头狮子挖掘的地坑中。在渡鸦显出神迹为圣保罗带来面包的故事中，可以读出先知以利亚故事的影子。从 5 世纪到 13 世纪，圣保罗的渡鸦的故事被大量评论，为渡鸦蒙上了一层基督教色彩。自此，渡鸦摇身一变，成为上帝的使者和圣人宽厚仁慈的伴侣。

▶ **安东尼拜访底比斯的保罗**

隐居沙漠后，安东尼从梦中得知另一位修士和他的经历类似，这个人就是底比斯的保罗。每天，渡鸦都会为保罗带来半块面包。安东尼决定去拜访保罗。神奇的是，这一天，渡鸦送来了两人份面包，两位圣徒得以共享餐食。如图所示，在沙特尔大教堂的彩绘玻璃上，黑色的鸟儿变成白鸽，面包也被一大块圣饼代替。

圣安东尼彩绘玻璃窗，约 1215～1220 年。沙特尔，圣母教堂，南侧回廊，30 号窗

SITZMONIVS

另一个扮演类似角色的渡鸦出现在年轻的教会执事萨拉戈萨的文森特殉难的经历中。奥古斯丁在讲道中提到过这件事，诗人普鲁登修斯（348～约410）也曾以此为题作诗。在和文森特相关的故事中，渡鸦不再是供食者而是庇护者。因为拒绝崇拜偶像，文森特遭受了各种各样惨绝人寰的酷刑。在他死后，为撕碎、毁坏其尸身，他的遗体被扔入野兽群。但渡鸦一直守护着他，并用喙啄瞎了意欲靠近文森特尸体的狮子、狼和秃鹫。圣徒的尸体因此而完好无损，最终被安置在一艘搁浅在岸边的小船内，并依照基督教的方式安葬。"在一只鸟的协助下，上帝保护了他的孩子的尸身。"[73] 奥古斯丁如此评论道。渡鸦的守护者形象对异教战士异常珍贵，但在圣徒传记中这种鸟被基督教化了。多年后，在1173年，葡萄牙国王阿方索·恩里克斯将圣文森特的遗骸带到里斯本。根据许多编年史作者的说法，在将其遗体运往里斯本时，两只渡鸦一直将运送尸体的大船引领至塔霍河河口。

圣梅恩莱（约797～861）的生平被描绘成另一个与渡鸦有关的故事。故事围绕两只行侠仗义的渡鸦展开。首先，本笃会修士梅恩莱成为隐修士，退隐至苏黎世湖附近的森林。他驯服的两只渡鸦陪在他身边，在它们的帮助下，梅恩莱修建了一座给圣母祝圣的小礼拜堂。一天，两个盗贼以为找到了财宝，杀死了隐修士，稀里糊涂地就地埋尸。梅恩莱的两只渡鸦发现

圣文森特的遗体

很多图画或艺术作品为我们保留了有关文森特的回忆，这位年轻的教会执事于304 年在戴克里先的统治下殉难。他一度暴尸街头，幸而有一只渡鸦一直守护，否则他的尸体一定会被野兽分食。之后，他又被抛尸入海，脖颈上绕着一轮石磨，但他又奇迹般地被海浪冲到岸边。之后，两只渡鸦引领着一艘小船将文森特的尸骨从瓦伦西亚送至里斯本，在那里，他成为主保圣人。

圣文森特·德·丽萨祭坛正面（细节：彩绘祭坛装饰屏），约 1250～1260 年。韦斯卡（西班牙，阿拉贡），省政府，主厅

了盗贼的踪迹，一路追捕，最终将他们逮住并施以严惩。之后，人们在梅恩莱生前住所处修建了艾西德伦修道院，这也是整个基督教会中最富丽堂皇的修道院。修道院的纹章上饰有两只渡鸦。

伟大的圣伯努瓦的生平也与一只渡鸦有关，这只渡鸦既友善又谨慎，可谓一位拯救者。圣伯努瓦是本笃会创始人，他的生平最早于 6 世纪末由教皇格里高利一世在其著作《对话录》中被提及，之后又被后世作者多次引用、评述。其中流传最广的一个版本如下：伯努瓦的修道院吸引了很多教士和朝圣者前来，一个名叫佛罗伦提乌斯的教士非常嫉妒伯努瓦的名声，一日，表面上为了复归仪式，他为伯努瓦送去一个看上去相当美味的面包。但当伯努瓦正要咬的时候，几个月来一直陪伴在他身侧的渡鸦赶来阻止，叼走了面包。这个面包被人下了毒！[74]

从这则故事渡鸦的善举背后也可看出上帝的旨意。

▶ **圣伯努瓦和有毒的面包**

伯努瓦的修道院吸引了众多僧侣和朝圣者，一个名叫佛罗伦提乌斯的教士因此而心生嫉妒。一日，佛罗伦提乌斯给伯努瓦送去一个品相上佳的面包。但当伯努瓦想要和他的门生圣莫尔与圣普拉西德分享面包时，几个月来他一直养在家里的渡鸦突然阻止他并叼走了面包，这面包是有毒的！

壁画，15 世纪初。苏比亚科（拉齐奥），圣本笃圣穴修道院，上层教堂

从渡鸦到老鹰

第一章我们已经提到过,在日耳曼人和斯堪的纳维亚人看来,渡鸦是图腾象征和战场上的明星动物。战士们在自己的头盔上、武器上或军旗上画上渡鸦,以便得到它的庇佑并期望获得它的一部分神力(洞察力、坚韧、凶猛),从而让对手胆寒。即使基督教化很久后,这些行为依旧延续,在巴约发现的 11 世纪下半叶的刺绣品便是证据。这块绣品上有一面带有渡鸦的军旗,由旗手诺曼底公爵吉约姆擎着,引领众人上战场。另外还有三只鸟分别落在三位将领的手腕上,象征着他们各自的能力。这三名将领分别是吉约姆公爵、蓬蒂厄伯爵居、威塞克斯伯爵哈罗德——未来的英国国王。将领手腕上的三只鸟通常被认为是隼——高贵的狩猎之鸟,但根据它们的身量大小和外形,我

▼ **威塞克斯伯爵哈罗德和蓬蒂厄伯爵居**

哈罗德是英国国王统治之下能力最强的领主。他的船在蓬蒂厄伯爵居的领地上搁浅,居带着他去见了诺曼底公爵吉约姆。绣品上反复出现一系列标志,将诺曼底人及其同盟和英国人对立起来。诺曼底人及其同盟头发较短,脖子光溜溜的,而英国人多蓄山羊胡,头发很长,可以盖住脖子。

巴约的刺绣品(场景 13),约 1067~1077 年。巴约,挂毯博物馆

们不妨提出假设：也许它们是渡鸦呢[75]。如此，这块绣品很可能成为最后一个可以证明渡鸦尊贵地位的证据，也可以证明它经常出现在战场上。总之，此问题仍有讨论的空间。

一百年后，渡鸦似乎从战士的头盔和盾牌上消失了。约 12世纪中期，最先出现在战场上的首批纹章不再使用渡鸦的形象。另外，在纹章艺术呈现出的丰富的动物中，渡鸦的往日辉煌也不复存在。即使在日耳曼地区，渡鸦形象在武器和徽章上也不再常见[76]。

渡鸦的悄然消失显得非常奇怪。在整个欧洲北部，它本应是纹章动物中的大明星，和狮子并肩而立成为动物之王的也应该是它，而不是熊[77]。然而，无论从地理、社会还是统计学角度，在纹章学领域，空中之王的角色始终由鹰扮演。难道还应考虑是否是教会的介入导致此结果吗？在 12 世纪的风潮中，教会已成功地让这种黑色的、亵渎神灵的鸟从盾牌、头盔、军旗上消失，并让鹰取而代之。事实上，长久以来，鹰在基督教动物圈中一直处在黄金位置：它是圣若翰洗者和使徒约翰的代表动物。根据《圣经》评注家和其他动物寓言作家的说法，鹰在基督教研究领域有不可否认的重要意义[78]。此外，鹰显然不曾作为任何异教信仰或狂热崇拜的对象，因此没有任何威胁。

或许可以换个思路看待渡鸦在纹章上的逐渐消失。鹰在纹章上的形象非常奇特，也许这就意味着这些形象其实并非是鹰，

…VXIT HAROLDVM ᴀDVVI…

老鹰、隼或渡鸦？

即使仔细观察落在当时的威塞克斯伯爵哈罗德手腕上的鸟也无法精准地确认其品种。鸟的品种其实并不重要，是隼、鹰还是渡鸦都无所谓，重要的是王孙贵族的举止——手腕上落一只鸟，一直以来就是贵族和权势的象征。这一点与驯隼的习惯毫无关系。

巴约的刺绣品（场景 13，细节），约 1067～1077 年。巴约，挂毯博物馆

而是变形的渡鸦。这种猜想并非毫无根据。纹章上的鹰和现实中的鹰的形象相差甚远，纹章上的鹰多为平面图，身子向前，头偏转向一边，喙凸出，尖端弯曲。这种造型也许是渡鸦和鹰两种鸟的融合呢。在中世纪早期，鹰与渡鸦作为符号象征有时会被对立。一方面，古罗马的代表——鹰保存了其古代享有的威望；另一方面，渡鸦又是日耳曼人和斯拉夫人的神鸟。此处，

需探讨鹰在符号学和神话中的地位。需要强调的是，与大众的普遍认知相反，鹰在人类文明的第一个千年中，在符号象征体系中出现次数相对较少[79]。代表查理曼大帝的鹰原本应出现在亚琛大教堂的顶端，但事实上此创意并未实现[80]。这是一个相对较新的故事。相比鹰，日耳曼文化长久以来更倾心于渡鸦这一图腾形象，它是主神奥丁及其战士的代表动物，是对一切了如指掌的鸟。教会对渡鸦这种代表异教文化的鸟充满敌意，也许这就导致了在 12 世纪，在古罗马帝国统治区域，人们将日耳曼人崇拜的古渡鸦和古罗马帝国的鹰融合为一体。这种形象及象征意义的融合造就了一个奇怪的形象——纹章学上的鹰。鹰在纹章上出现时都是身子朝前，翅膀张开（鹰的翅膀？），头朝向侧面（渡鸦的头？）。这种假说值得人们认真研究，仔细查阅文献，从 9 世纪到 12 世纪，一个百年一个百年地慢慢研究。

　　1160～1170 年间，腓特烈一世（红胡子，1122～1190）是第一位在军旗、纹章、玉玺、钱币上使用这一新形象的神圣罗马帝国皇帝[81]。他统治的帝国是罗马帝国，但同时也带有日耳曼的性质。因此，在他的象征物上将鹰和渡鸦融合显得非常合理。渡鸦的出现甚至比鹰更恰当。13 世纪的一个传说讲述了这位 1190 年去世的皇帝在去往圣墓的途中其实并未真正咽气，在图林根州屈夫霍伊瑟山的山洞中，他和几个骑士不过是沉沉睡去而已。许多渡鸦绕着屈夫霍伊瑟山盘旋，以保护沉睡的皇帝。

皇帝本人是个救世主一样的英雄，总有一天他会苏醒，重振帝国往日的昌盛。当渡鸦停止绕山飞翔时，这一切就会发生。因此，红胡子的腓特烈偶尔会从睡梦中醒来，睁开一只眼睛，派遣亲信去查看渡鸦是否已经停止飞翔。当亲信带回的答案是否定的时，他就会重新睡去。腓特烈的苏醒之期尚未到来，渡鸦似乎也未做好让位给鹰的准备[82]。

◀ **腓特烈一世（红胡子）和他的两个儿子**

腓特烈（因他的红色胡子而出名）1155～1190 年在位，是第一位在玺印和旗帜上使用鹰的形象的皇帝。在图画上，鹰的形象被百合花权杖代替。鹰从那时起已经开始出现在纹章上，通常鹰首为侧面视图，身体为正面视图。日耳曼人曾经的守护之鸟渡鸦和罗马帝国的鹰在这一形象中似乎融合为一体。腓特烈的儿子——亨利六世（1190～1197 年在位）是第一位使用真正意义上的纹章的皇帝，其代表纹章为金色底上一只黑色老鹰。神圣罗马帝国的鹰直到 15 世纪初才变成双头鹰。

《世界编年史》，约 1185～1190 年。富尔达，大学与州立图书馆，藏品号 Hs 100 D 11，第 14 页

4 动物寓言昌盛的时代

（12 ～ 14 世纪）

◄ **渡鸦、白鸽和鹰**

伊蕾娜是一位改信基督教的异教公主。一天，三只鸟来到她面前：一只嘴里衔着橄榄枝的白鸽，象征和平；一只衔来皇冠的老鹰，预示着她在未来及殉难时的荣光；一只大渡鸦，它朝公主脚下丢了一条蛇，预示着她将遭受的折磨与苦难

达南的瓦契尔（Wauchier de Denain），《圣徒的生活：塞萨洛尼基的伊蕾娜》，约1230～1240年。伦敦，大英图书馆，藏品号 MS Royal 20 D VI，第174页

动物寓言是有关动物的著作，中世纪中期繁荣发展，旨在描述多种动物身上的特性，以便从中提取宗教或道德上的教育意义。这些特性——或为真实存在，或为想象而成——既包括动物的外貌特征，也包括其行为、习性、与其他物种的关系，甚至与人类的关系；同时还涉及所有与这类动物相关的人类信仰及行为。以狮子为例，人们认为狮子即使睡觉时也会睁着眼，因此将它视作"警觉"的象征。这也是为什么狮子的形象会出现在教堂的门上；有时，人们还会用狮子和耶稣进行对比，因为耶稣在坟墓中并未长眠而是在耐心等待复活。相反，猪被看作罪人的代表，因为它们成天只关心口腹之欲的满足，一刻不停地在地上翻找食物，从来不会抬眼望望天空；罪人也只贪恋人世间的快感而忽视在神明前的冥想静修，对来世不抱任何希望。

因此，动物寓言以对特定动物的实地观察或相关神话为出发点，甚至有时仅以其外形或名称为立足点，通过对比、比喻、隐喻、词源学分析等手段得出教育意义。从这一点上说，动物寓言可以完美地反映中世纪思想。中世纪思想多基于某种类比关系或某事与某思想间的关联性生成。所谓"类比关系"即两个词、两个概念、两种物品间较为明显的相似性，其目的旨在努力于显性和隐性事件之间建立联系。显性事件包括动物的外形或行为等，隐性事件则为生物或事件的本体论真理。因此，动物寓言皆以《圣经》（其中充满各种《圣经》段落的引用）、教会圣师著作及其他古代权威作家（如亚里士多德、普林尼、圣依西多禄等）的作品为基础[83]。

12、13 世纪拉丁语动物寓言作品中，有关鸟类的章节通常数量最多、发展最成熟，有时甚至出现整本书仅涉及这一个主题，这样的书籍被称作鸟类学著作（aviarium）[84]。中世纪时人们对鸟类非常感兴趣，大家欣赏鸟、观察鸟。相比鱼类、爬行动物或"虫子"[85]，人们对鸟的了解更多。此外，鸟类在中世纪被看作天地之间的特殊媒介，因此，它是一种非常特殊的上帝创造物，理应受到关注，也应针对鸟类进行合理的思辨。中世纪的作者为鸟类赋予许多特性，甚至可以说是极其美好的特性。这些特性多源自古籍或历史悠久的东方传统，并非源自对自然界或天空简单的观察。诚然，中世纪的人类已经非常善于观察动植物，然而，他们并未意识到，这些观察结果和认知之间有什么关系。当时的人类认知多是形而上的，与物质世界的关系不大。事实是一回事，真理是另一回事。真理比事实更重要，这是两个完全不同的概念。

夺人性命、谋反弑君、食人生番

原是古代神话中的明星、北欧民族崇拜的对象，随着基督教的传播，渡鸦变得声名狼藉，在某些地区，很早它就成为了众矢之的。古希腊罗马时期，人们赞颂它的智慧、精明、记忆力和预见才能，但由于《圣经》中的渡鸦通常不是什么正面形象，尤其是在诺亚方舟的章节中，可以说基督教抛弃了这种鸟，甚至将它变成一种亵渎宗教的大不敬之鸟。教会圣师将冥界动物圈的"C位"留给了它，将它和罪孽深重之人并列。同时，甚至直到公元1000年，传教士还在极力消除刚刚基督教化的民族（如日耳曼人、斯拉夫人、斯堪的纳维亚人）对渡鸦的崇拜。

从12世纪起，动物寓言作家继续替教会圣师扛起反对渡鸦的大旗，在自己的作品中引述了一部分圣师作品，有时甚至是一字不差地引用原文。讲述奥古斯丁在渡鸦的嘶哑叫声中听出拉丁语单词"cras，cras"的故事即是如此。奥古斯丁因此将渡鸦看作罪孽深重之人的代表，这些人永远将悔恨、忏悔与悔罪拖到明天。动物寓言作家对这样的解读非常震惊，但他们中的许多人接受了这种说法，同时对其进行了大篇幅的评论。所有动物寓言作家都提到渡鸦吃尸体这件事，同时详细描述了当它们食用遗骸时会先从眼睛开始，因为这是最容易吃到脑髓的位置，而脑髓是思想和灵魂中枢。动物寓言作家们指出，这种做法和魔鬼一模一样。后者为了夺取人类灵魂会施诱惑之术蒙蔽其双眼。

尽管渡鸦和撒旦一样奸诈、残忍，但仍然有一位动物寓言

邪恶的梅罗达克将尼布甲尼撒碎尸

某些教会圣师讲过一个较晚出现的故事：巴比伦王国卑鄙的国王邪恶的梅罗达克
（即阿米尔·马尔杜克）下令将自己父亲尼布甲尼撒的尸体从坟墓中掘出并砍成
300 块，然后分给 300 只渡鸦。他这么做是为了防止父亲复活，将其废黜。

《人类救赎之镜》，科隆，约 1360 年。达姆施塔特，大学图书馆，藏品号 Hs 2505，
第 47 页

作家并不赞同渡鸦从眼睛开始食用尸体是魔鬼的象征，相反，他认为这是爱的代表。这位作家是福尔尼瓦的理查（Richard de Fournival，约 1201～约 1260）[86]。理查是位博学的教士、珍本收藏家。他的藏书极其丰富，包括拉丁语、法语作品，种类包罗万象。他于 13 世纪中期借大获成功的《动物爱情寓言》（*Le Bestiaire d'Amour*）[87] 一书创造了一种新的动物寓言形式。《动物爱情寓言》和之前的动物寓言完全不同，是一部非常特殊的作品。理查并未从动物特性中提取任何宗教或道德教义，而是总结出很多与爱情或爱情策略相关的思考，例如如何征服女性、如何捍卫自己的爱情、在爱情中需要避免哪些错误，或者相反，应该怎样抵御诱惑、怎样避免成为伴侣任性和反复无常脾气的受害者。每一种指定动物的特性都对应一个或多个人类爱情行为的例子。上个世纪诞生的决疑论直到 13 世纪中期仍受人追捧，这在理查的作品中也展现得淋漓尽致。下面我为大家介绍一个超乎想象的例子，在这个例子中，作者将坠入爱河的人类比作被渡鸦撕碎的死尸！和渡鸦啄食尸体一样，爱情最先冲击的也是人类的眼睛：

> 渡鸦天生具有一种与爱情类似的能力。它也是唯一具有这种能力的动物。这种天性迫使它在发现死尸时，首先会从眼睛下嘴。吃完眼睛，它会继续吸食脑髓，有多少吃多少，一滴不剩。爱情也是如此：一双男女初次相见时，

以尸体为食的渡鸦

所有动物寓言作家在作品中都提到，当渡鸦食用尸体时总是从眼睛开始。因为它们最喜欢脑浆，从眼睛开始吃是最容易吸食到脑浆的吃法。因此，作者们经常用渡鸦暗喻魔鬼，后者会用各种手段诱人心智蒙蔽，从而夺取灵魂。福尔尼瓦的理查的观点更独特，在《动物爱情寓言》中，他将渡鸦比作极具吸引力的女人，她们会让将目光投向自己的男人成为她们的俘虏。

福尔尼瓦的理查，《动物爱情寓言》，13 世纪末。巴黎，法国国家图书馆，藏品号 ms. fr. 1951，第 6 页反面

也是最先被对方的眼睛吸引。没有哪位男士，还未见到女士的真容就对其倾心。爱情最先俘获的也是人的双眼。[88]

福尔尼瓦的理查语言优美，表达精妙绝伦，他是唯一一位将渡鸦与爱情相关联的动物寓言作家。其他作家都着力将渡鸦塑造成一种致命的生物，极力描绘其暗黑的羽毛，用大量篇幅将渡鸦黑色的羽毛说成黑暗、耻辱、罪孽、死亡的代表，然而这些论述都毫无依据。"地狱"是这些作家的文章中多次提及的词语。

还有些作家声称渡鸦以自己的毛色为荣，像鹰一样，担心自己种群的纯洁性。借用普林尼和埃里亚努斯的理论及《圣经·诗篇》（147，9），这些作家乐于讲述前文我们已经提到的寓言故事：因为渡鸦在出生时几乎全身雪白，因此，成年渡鸦在小渡鸦毛色变黑之前根本不认自己的幼崽，不照顾、不哺育、不保护。然而，小渡鸦的毛色变黑需要几天甚至几周的时间，在此期间，小渡鸦仅能依靠"天降的露水"过活，换句话说，是被上帝养育。因此，渡鸦的童年充满苦涩，在成年之后，它们会报复！当它们的父母年迈，无法自行捕食时，年轻的渡鸦也不会为它们带食物，会眼睁睁地看着它们饿死，或者干脆用嘴啄死父母并将其分而食之[89]。由此，渡鸦真可谓"致命物种"，身体力行着弑父杀母、同类相残！

渡鸦因为自己的雏鸟毛色不是全黑就不去抚养它的故事流传了很久。早在《圣经》和普林尼的作品中就已经出现，在很多 16、17 世纪的鸟类学论文中也可读到。1770 年，布丰似乎是第一位否定这个历史悠久的寓言的博物学家：

> 在幼鸟孵化后的头几天，母渡鸦似乎对它们不是很上心。直到幼鸟长出黑色羽毛，母渡鸦才会给它们喂食。人

巨大的渡鸦

当人们把渡鸦看作魔鬼的化身时，宗教书籍的装饰画师倾向于将渡鸦的身形画得无比巨大，比任何一种猛禽看上去更大、更吓人。如图，图中的渡鸦身形巨大，和往常一样，它正在一具死尸上啄食眼睛，以方便吸食脑髓。

《玛丽王后诗篇》，约 1310～1320 年。伦敦，大英图书馆，藏品号 MS Royal 2 B VII，第 130 页（细节）

们肯定会说，母渡鸦直到幼鸟长出黑色羽毛才承认它们是自己的后代，以对待亲骨肉的方式对待它们。在我看来，幼鸟出生的头几日不喂食幼崽的行为在很多动物种群中都有发生，甚至在人类身上也会出现。毕竟为适应一个新生命，所有人都需要一些时间。[90]

在很长一段时间内，这个故事都对德语产生了巨大影响。至少从 17 世纪起，复合词"Rabenmutter"（渡鸦母亲）就开始喻指不称职的母亲，即不好好养育孩子或干脆抛弃孩子的母亲[91]。如今，这个词仍含有贬义，多指不得不将年幼的孩子早早送去保育院或交由育儿保姆看管的事业女性。这种情况在法国和其他邻近国家相当常见，并被大众广泛接受，但在德国仍会遭人诟病，至少在某些比较传统的地区是这样。在这些地区，人们认为女性的正确位置是在家里、在厨房、在教堂，她们存在的目的即照顾、哺育、教育子女。她们不应像个"渡鸦母亲"。

无穷无尽的恶

对中世纪的动物寓言作家来说，渡鸦的恶远不止如此，简直数不胜数。这些作家毫不吝惜笔墨，乐于逐条列举，逐一评

黑色的鸟

在带彩绘的拉丁语动物寓言手稿中，渡鸦形象基本一致：通体黑色，双脚站在地上，目光僵直，体形巨大、身形圆润。从外形上说，它并无任何特色，仅靠羽毛的颜色就可以将它和其他长相类似的鸟区分开。有时，它的嘴部略弯曲，这让它看起来和令人生畏的猛禽有几分相似。

拉丁语动物寓言作品，约 1450 年。海牙，梅尔马诺博物馆，藏品号 MMW 10. B 25，第 34 页

论。这是一种无时无刻不实行盗窃之罪的鸟，它又馋又贪，总是饥肠辘辘，胡乱啄食看到的一切，甚至包括污物和有毒的食物。此外，它完全无视封斋期和周五的斋戒，每天都吃肉！渡鸦还相当自大，总认为自己是最漂亮的鸟，殊不知它可以位列最丑陋的鸟类之一。有时，它会意识到黑色不太体面，因此会从别的鸟身上偷羽毛，插在自己身上以掩饰自己令人生厌的黑色羽毛。渡鸦是一个伪君子，一肚子坏点子的它表面上总是装出傻傻的样子。它的聪明才智从不用在正道上，总是戏弄人类或其他鸟类，有时甚至会去挑逗身形比自己大很多的鸟。它和驴的仇怨最深，总是试图啄食驴的眼睛；牛睡觉时，渡鸦也会

狐狸的诡计

鸟类寓言和动物寓言作家在描写狐狸的阴险狡诈时从不吝惜笔墨。在故事中最常见的情节是，当狐狸饥肠辘辘时会仰面躺在地上，屏住呼吸装死，舌头耷拉在嘴边，肚子又硬又鼓。渡鸦和喜鹊看到后以为它死了，便会慢慢接近它，停在它身上。借此机会，狐狸一跃而起，抓住离它最近的鸟，将它拖进矮树丛，贪婪地吞食。

于格·德·富尤瓦，《鸟类大全》，13 世纪末。伦敦，大英博物馆，藏品号 MS Sloane 278，第 53 页

趁机偷袭。总的来说，渡鸦讨厌所有正在睡觉的动物，它会毫无理由地恶意捉弄它们。渡鸦唯一的朋友是狐狸，狐狸也是魔鬼的象征。狐狸和渡鸦共同的敌人是隼和鸢，当然，还有狼，因为狼拒绝和它们分享自己的战利品。但作为渡鸦的朋友，狐狸也没有捞到什么好处。带着猎犬的狩猎者在森林中捕猎狐狸时若不小心跟丢了猎物，只需要抬眼看看天空，然后追随渡鸦的飞行方向就可以了。因为狐狸拼命甩掉猎人时，渡鸦很喜欢在空中追寻它的逃亡路线。尽管并非故意，但它确实暴露、出卖了狐狸。事实上，在法语中，"corbeau"（渡鸦）一词的引申义即为告密者。这种用法早在 14 世纪的犬猎条约有关捕猎狐狸

的章节 [92] 中就已经出现。其他引申义（装殓和埋葬尸体的人、穿长袍的教士、放高利贷的人）出现时间则较晚。

即便渡鸦是如此多恶行的代表，即便它的黑色羽毛被看作不祥之兆，在中世纪文化中，古代渡鸦和日耳曼渡鸦的旧日威望仍有残存。首先，在人名学中，渡鸦占有重要地位，或不如说它可以让人抬高自己的身价 [93]。在圣徒传记中，渡鸦多次以保护者或供养者的身份出现，比如它曾帮助先知以利亚在沙漠中保全性命。此外，和拉斑·莫尔一样，在他之前三个世纪，一些用拉丁语写作的动物寓言作家已经看到了渡鸦身上显现出的讲道者特质。不仅因为这种鸟儿非常聒噪，还因为它一身黑色的羽毛很像本笃教会教士的道袍。讲道者在布道时经常谴责、抵制黑暗的罪孽，以便让信众皈依更加圣洁的生活方式。很多教会圣师都持此观点，比如教宗额我略一世（约 540～604），他生活的时代远远早于拉斑·莫尔。在曾经推崇渡鸦的英国或德国文献中也可读到类似观点，但它们并未得到广泛传播 [94]。渡鸦实在太黑、太精明、太爱偷盗、太爱啄食尸体了，实在无法将它塑造成一个积极向上的生物。此外，它还拥有另一项特殊才能，即完美地模仿人声。"渡鸦是世界上最了解人类的鸟，因为它从早到晚不停地观察我们。" [95] 这至少会让人感到担心。

小嘴乌鸦和乌鸫

依照当代动物学理论，母渡鸦和公小嘴乌鸦也都存在。渡鸦和小嘴乌鸦完全不同，它们相互之间无法交配繁殖，在各自种群内部区分公母。但在古代认知中，这两个物种的区分并不明晰，很多寓言、神话、故事皆是例证。"鸦科"这个统称的概念当时还不存在，"corneille"——小嘴乌鸦一词有时也指雌性渡鸦。但在动物寓言或鸟类寓言中，这种情况较为罕见。在这些作品中通常会专门为小嘴乌鸦开辟新的章节，并将小嘴乌鸦塑造成渡鸦的对立面。渡鸦的形象多么负面，小嘴乌鸦的形象就有多正面。

比如，在面对其他鸟类时，小嘴乌鸦总是很和善，尤其在面对鹳时。小嘴乌鸦会保护它不受其捕食者（鸢、秃鹫、隼）攻击，它们的友谊异常坚固。此外，和渡鸦不同，小嘴乌鸦也是一位称职的母亲。从它的雏鸟被孵化的那一刻起，它便会精心喂养，当它自己年迈时，它的嘴不足以叼起食物，其后代就会反过来哺育它。同时，当小嘴乌鸦的羽毛随着年龄渐长变得雪白脱落时，它的后代便会赶来帮助它们。年轻的幼鸟会用自己的羽毛覆盖年迈个体的身体以帮助它们遮蔽裸体，抵御严寒。因此，小嘴乌鸦成为了孝道的代表。13 世纪，康提姆普雷的托马斯（Thomas de Cantimpré）创作了非常著名的百科全书《论事物的本性》（*De natura rerum*），依照他的说法，小嘴乌鸦的寿命是人类的九倍，即将近六百年。因此，其子女的孝顺品质显得更加突出。此外，他还指出，小嘴乌鸦是一种非常忠贞的鸟，在其漫漫一生中，始终严格践行一夫一妻制。[96] 持续六百年的夫妻忠诚，应该是一项世界纪录了吧！

然而，根据动物寓言作家的说法，小嘴乌鸦还是有两个缺点：1. 它们很聒噪（"在所有鸟类中，只有喜鹊比它更聒噪"，某个 12 世纪中期用拉丁语写作的动物寓言作家如是写道）；2. 它们很好斗。小嘴乌鸦的一大敌人是猫头鹰，为了消灭猫头鹰，它们会偷猫头鹰的蛋。猫头鹰白天睡觉，小嘴乌鸦就在光天化日之下实施盗窃行为。若猫头鹰突然惊醒，就会被白天强烈的日光刺瞎眼睛。但猫头鹰也会报复，入夜后，和魔鬼一样，猫头鹰会借着幽深的夜色去小嘴乌鸦的巢穴偷它的蛋，并残忍地将其从树顶抛下[97]！

在描述渡鸦的章节中，某些作家会插入一段和乌鸫相关的情节。乌鸫和渡鸦一样，羽毛也是黑色的，但二者的叫声截然不同。渡鸦的叫声嘶哑又气势汹汹，乌鸫的叫声却格外悦耳动听。"乌鸫的嗓音里藏着金子，它黄色的嘴证实了这一点。"15 世纪一部名为《论鸟类》（*Dit des Oyseaulx*）、专门研究颜色的作品中这样写道[98]。不幸的是，乌鸫的绝妙嗓音只出现于一年中的特定时期，即春季的两三个月，其他时间，它的叫声刺耳又难听。因此，相比乌鸫，抒情诗更乐于描写夜莺的叫声[99]。更

乌鸫

根据动物寓言作家的说法，乌鸫是一种叫声动听的小型渡鸦。它的声音里有金子，它黄色的嘴就是证明。不幸的是，它婉转的叫声在一年中只能持续一段时间，即春天的两个月。剩下的时间，它的叫声尖锐又刺耳。它常被当作伴侣型鸟儿，一方面因为它动听的叫声，另一方面因为它非常亲人。乌鸫很容易被驯化，为了取悦主人，它甚至会模仿其他鸟儿的叫声。

福尔尼瓦的理查，《动物爱情寓言》，约 1320 年。牛津，博德莱安图书馆，藏品号 MS. Douce 308，第 92 页反面

多的作者愿意强调，乌鸫是一种非常好的伴侣型鸟儿，一方面因为它的叫声动听，另一方面因为它可以变得和人非常亲近。这是一种很容易被驯化的鸟，为了取悦主人，它甚至可以模仿许多其他鸟类的叫声。此外，乌鸫是天生的"单身汉"，一生中只有几天会出双入对地和伴侣生活在一起。雌性乌鸫一年中多次产卵，并将很大一部分时间花在孵化幼鸟上。雌鸟产蛋后，公鸟便会离它而去，转而和其他雌鸟打情骂俏。它是个处处留情的花花公子，机灵又滑稽。人们可以将乌鸫圈养在笼中，但它并不喜欢这样，最好让它们在离房子很近的地方筑巢，当人们召唤它时，它就会飞过来。但需要注意的是，和喜鹊一样，乌鸫也是小偷；和渡鸦一样，它也非常聪明，非常了解人类。乌鸫善于观察一切，任何事情都无法逃过它的眼睛[100]。

　　根据作家们的说法，随着季节的流转，某些乌鸫的毛色会改变，从黑变灰，甚至再从灰变蓝。大阿尔伯特（Albert le Grand）认为在希腊出现的白色乌鸫是极其罕见的物种，然而，几百年后，康拉德·冯·门盖尔贝格（Konrad von Megenberg）却说在立窝尼亚条顿骑士团里，"白色乌鸫却是最常见的"[101]。

龙与白鸽

对于中世纪文化来说，白鸽是渡鸦的对立面。它的毛色雪白，而非代表冥界阴暗的黑色。在诺亚方舟的故事中，它最终衔着橄榄枝老老实实地飞回方舟。这一举动预示着洪水已经退去，人间又恢复了平静。因此，白鸽总被当作和平之鸟、希望之鸟，它是上帝的信使。白鸽最大的敌人是龙，龙是魔鬼的代表，总试图吞食白鸽。

拉丁语动物寓言作品，约 1450 年。海牙，梅尔马诺博物馆，藏品号 MMW 10. B 25，第 38 页反面

白鸽和天鹅

动物寓言作家从《圣经》中提取了一些例子和参考资料，主要借助《创世记》和有关诺亚方舟的段落将白鸽与渡鸦对立起来。对于基督教化的中世纪文化来说，白鸽可称得上是渡鸦的绝对对立面。他们认为有必要为白鸽费一定笔墨，因为有关白鸽的内容实际上暗示了渡鸦的象征意义。

作者们强调的第一点还是与白鸽的毛色相关。白鸽通体雪白，毫无杂色，完全没有代表冥界阴森的黑色。在诺亚方舟的故事里，它嘴里衔着橄榄枝，老老实实地返回方舟，以此方式告诉诺亚洪水已经退去，人间又重新恢复了平静。因此，白鸽总被当作和平之鸟、希望之鸟，它是上天的信使，是神的使者。它的形象总是正面的。在各种描绘这个故事的彩饰作品中，白色的鸽子和黑色的渡鸦之间的对比异常分明。白鸽总是在方舟之上翱翔，而渡鸦则在方舟之下贪婪地啄食尸体。

有时，黑与白之间的对比会通过天鹅体现。天鹅的洁白无瑕总是可以吊起人的胃口，因为《圣经》中从未提到过这种鸟。因此，这纯洁无瑕的颜色背后隐藏着什么？天鹅也许也是一种虚伪的鸟呢？对于某些动物寓言作家来说，天鹅显然就是虚伪的。白色的羽毛下，肉体却是黑色的。它是个不折不扣的伪君子、骗子、不忠之鸟！天鹅在这些作者眼中可谓金玉其外败絮其中。它积极向上的外表逐渐抵不过消极甚至对其明显带有敌意的描述。天鹅是一种傲慢、自负的鸟。深知自己的外表出众，它从不与其他鸟类来往。另外，它不喜欢被打扰，总是高傲地仰着脖子。它几乎一直生活在水中，却从来不会全身浸入水中。天鹅还是一种易怒、好斗的鸟。雄性会为了争夺雌性而大打出手，有时甚至会相互残杀。天鹅淫荡好色，总在追寻肉欲的刺激。在两性关系中，天鹅粗野蛮横，雄性个体总会残忍地伤害雌性个体。事实上，天鹅是一种非常特别的生物，和其他所有动物都不一样。每当我们远远看到天鹅时总会不禁自问，是哪位王子或公主又被恶毒的仙女施魔法变成天鹅了[102]。

让我们说回白鸽。有些动物寓言作家很喜欢详细地按身体部分介绍白鸽，并给它的每个部分赋予一种美德，如持重、温柔、忠诚、淳朴、天真、谨慎、谦虚等。白鸽经常洗澡，因为它不喜欢羽毛变脏。另外，它还会利用水面当镜子，观察是否有前来袭击的天敌，尤其是苍鹰和鸢。猛禽倒映在水面的身影会提醒它危险将至，它也有足够的时间躲避。受教会圣师的影响，动物寓言作家经常引用《圣经》中最有代表性的三只白鸽，即和平的象征——诺亚方舟中的白鸽；力量的象征——大卫的白鸽；希望的象征——圣灵的白鸽。最后一个故事讲述的是圣灵为参加耶稣的洗礼仪式化作白鸽的外表来到人间。此外，作家们也会详细描述正直的人死后灵魂会变成白鸽飞向天空，而那些恶人死后则会变成各种丑陋的样子，如蝎子、癞蛤蟆或魔鬼。

于格·德·富尤瓦（Hugues de Fouilloy）尤其爱写鸽子。在他完成于1140～1160年的著名鸟类寓言作品中，贡献给鸽子的版面远远多于其他鸟类。对他而言，这是非常好的潜心于深奥晦涩的神秘主义思辨的机会。他还借白鸽提出了奇怪的二元论符号。鸽子的嘴巴分成上下两半，就像大麦粒和小麦粒有所区别，也象征着旧法令和新法令的不同。鸽子用右眼审视自己，以便自正缺点，而用左眼凝视上帝。鸽子的一对翅膀，一边代表对上帝之爱，另一边代表对同类之爱。它将代表慈爱的翅膀伸向人类，将代表尊敬的翅膀伸向天空。于格还通过对鸽子羽毛、眼睛和脚的颜色分析得出它与圣母教会之间的联系：

> 鸽子拥有一双翅膀，就像所有信众都有两种不同的生活：现实生活和静修生活。鸽子翅膀上泛着蓝光的羽毛象征着面向上天产生的思想。它身体上其他不确定的颜色变化就像波涛汹涌的大海。要知道教会就在人类激情的海洋上航行，并试图平息这片海上的风浪。鸽子的眼睛为什么是黄色的？因为黄色是熟透了的水果的颜色，代表经验与成熟。鸽子的目光就像教会审视未来的目光。鸽子的脚是红色的，教会在世间踏着殉教者的鲜血艰难前行。[103]

　　白鸽的天敌不仅有苍蝇、鸢，还有龙。在印度，龙会在一种名为"佩里德西翁"的树周围活动，白鸽也很喜欢在这种树上栖息或整理羽毛。这种树的果实甘甜可口，白鸽很喜欢以此为食，它还可以隐蔽在树荫里，因为龙很害怕这种树的树荫。一旦白鸽飞离佩里德西翁树或离开它的树荫，龙就会吃掉它！这象征着魔鬼会制伏不再信仰上帝的人。上帝就是那棵为人提供食物和庇佑的树，圣灵则是救人于危险之中的树荫[104]。

　　对于动物和鸟类寓言作家来说，让白鸽扮演负面角色是不可能发生的事。除非用另一个更泛泛的词来称呼白鸽（columba）——鸽子"columbus"（法语为"pigeon"）。鸽子和所有以谷物为食的动物一样，也是温血动物。这也是它拥有强烈性欲的原因。某些鸽子会和其他个体结成忠贞的伴侣，它们会不停地相互挑

▶ **佩里德西翁树**

白鸽的天敌并非渡鸦，而是龙。在印度，龙会围着一种名为佩里德西翁的树闲逛，白鸽也喜欢在这种树上梳洗羽毛，它还喜欢以这种树木甘甜可口的果实为食，并在树荫下躲避危险。龙害怕佩里德西翁树的树荫。一旦白鸽离开树荫，龙就会将它吞食掉。这象征着魔鬼追捕脱离信仰上帝的人。上帝是为人提供食物和庇护的树，圣灵则是救人于水火的树荫。

拉丁语动物寓言作品，约 1270~1275 年。杜埃，市政图书馆，藏品号 ms. 711，第 38 页反面

逗、亲吻、交配。而其他个体则比较放荡，不会对某个个体忠贞不渝，但白鸽绝不会这样。花心的鸽子——通常为雄性——也会受到惩罚：所有忠贞的鸽子，不论雌雄，会围成一个圈将它包围，以免它逃跑，并一直用嘴啄它直到死亡。埃里亚努斯和某些基督教传播初期作家的作品中已经可以看到中世纪出现的集体性正直行为。有时，放荡的鸽子形象也会被鹳代替[105]。

动物寓言中不会讲述的事

从 12 世纪起，拉丁语动物寓言开始影响其他类型的文学作品，尤其是百科全书以及类似的作品。百科全书的篇幅一般比较长，且作品中通常会有一部分专门贡献给动物主题。古代百科全书即是如此。随着时间的流逝，有关动物的章节越来越

▶ **鸟类大家庭**

中世纪时，人们对鸟类充满好奇。当时人们喜爱鸟，乐于观察鸟，对鸟的了解远超过其他动物。此外，在动物寓言作品中，有关鸟类的篇章发展最为成熟，有时甚至可以构成一部独立存在的作品，这些有关鸟类的寓言作品被称作鸟类寓言。鸟类寓言的作者经常赋予鸟儿许多特性，有时甚至是非常神奇的特性，多借鉴于古代文字作品或东方的传统。

巴塞洛缪斯，《万物本性》，1479～1480 年。巴黎，法国国家图书馆，藏品号 ms. fr. 9140，第 211 页

长，甚至远远超过其他主题。13 世纪，在百科全书的编纂过程中，动物主题的章节有时会占超过全书三分之二的部分，否则，至少也会占到四分之三。因此，若要研究中世纪动物寓言很难绕开百科全书作品 [106]，也很难将这两类作品割裂开来。更何况，百科全书中某些涉及动物主题的手稿有时看上去就是独立的存在，类似于独立的动物寓言作品。虽然如此，百科全书和动物寓言之间还是存在一些区别。在大多数百科全书中，章节都相对较短，文章主体主要由"摘录"构成，即对其他作家作品的借鉴。奇事、注解和寓意教训在百科全书中所占比重要少于动物寓言，因为百科全书中的文章主要为布道者的参考资料；动物寓言作家在写作时为这些故事加了注释、做出神学分析或为其赋予感化人的寓意。13 世纪三部伟大的百科全书作品即是如此：多明我会神学家康提姆普雷的托马斯撰写的《论事物的本性》，这部作品直到 16 世纪仍然被人反复抄袭、剽窃；方济各修会修道士巴塞洛缪斯（Barthélemy l'Anglais）1247 年完成的著作《万物本性》（ *De proprietatibus rerum* ），这部作品获得巨大成功，对后世影响深远；在多明我会修道士、圣路易的近臣博韦的樊尚（Vincent de Beauvais）的领导下，创作过程从 1246 年持续到 1263 年的鸿篇巨制《大宝鉴》（ *Speculum naturale* ）。

　　这三部百科全书式的作品及其他更古老或更现代的百科全书作品中动物主题都占有重要篇幅，关于渡鸦它们都写了什么呢[107]？在这些作品中，关于渡鸦的内容通常和动物寓言作品一致，或大同小异。当代人在对博物学的研究中提取的关于渡鸦的信息反倒更多一些：渡鸦不是候鸟，不会随着季节更替迁徙；它既喜欢下雪也喜欢暖阳，不怕冷也不怕热；各地渡鸦的叫声都不同，日耳曼尼亚地区的渡鸦叫声更低沉，英国渡鸦的叫声更尖厉；它的体味非常难闻，任何寄生虫都不会"落户"在它的毛羽之下；它通体乌黑，甚至连舌头都是黑色的；它产下的蛋是绿色或暗绿色的，就像魔鬼身体的颜色，然而，蛋壳内部却包裹着黑黢黢的液体，人们甚至可以用这液体染头发；相较身体，它的头显得过大，腿却又细又脆弱，因此，渡鸦永远不会走太久；它的眼珠可以向任意方向旋转，因此能看到从身后袭来的两大天敌——鸢和猫头鹰。另外，所有鸟都怕它，甚至有些猛禽也不例外。在"喀里多尼亚地区"（苏格兰的古称），有人亲眼见过体形巨大的渡鸦啄食老鹰和秃鹫。它还可以将羔羊抓到空中，啄瞎它们的眼睛，杀死它们，并用"比啄木鸟还尖利"的嘴吸食羔羊的脑髓。渡鸦的实力超群，一只渡鸦远远看到死尸时便会发出一种特殊的叫声，吸引周围的同类一起享用大餐。有时，渡鸦会成群结队地一起袭击狐狸，然而后者会为它们指明食物所在地，并和它们一起分享被杀死的动物。渡鸦与小嘴乌鸦、喜鹊都是竞争关系，因为它们都会窃取金器或银器。小嘴乌鸦讨厌猫头鹰，渡鸦也是，因为猫头鹰会借着

用鲜血哺育后代的鹈鹕

小渡鸦的毛色没有变成全黑之前，成年渡鸦不会哺育它们。与渡鸦相反，鹈鹕会用喙拍打新生的死胎以期使之复活，并用鲜血淋它们的身体。至少动物和鸟类寓言作家都是这样写的。此外，他们还补充道，鹈鹕是基督的象征。因为基督也曾将鲜血洒在十字架上，只为替你我的罪孽救赎，引领我们走向不朽。

拉丁语动物寓言作品，约 1450 年。海牙，梅尔马诺博物馆，藏品号 MMW 10. B 25，第 32 页

夜色去渡鸦的巢穴里打碎它们的蛋[108]。渡鸦有时也会攻击它的"小偷同行"——喜鹊。燕子也难逃它的魔掌，渡鸦攻击燕子并没有特别的理由，只是因为想看它们痛苦的样子[109]。

总之，渡鸦的真实形象不如教会圣师作品中描述的那样严肃，也没有鸟类寓言或动物寓言作家笔下那般神奇。基于实际观察或与鸟类接触得出的结论，渡鸦有时甚至有些腼腆。当百科全书派作家阅读古籍时，他们并不总是赞同先贤的看法。比如，亚里士多德曾说，有些人认为渡鸦通过喙交配。他解释道，这种说法来源于一个奇闻：渡鸦确实不是通过喙交配的，但在求爱过程中会有相互喂食的行为，让人误以为是交配行为[110]。中世纪没有一位作家引用过这个解释，然而，如今看来，这种解释非常合理。更多的作家还是坚持认为渡鸦通过喙交配。有些作者甚至认为由于雌渡鸦对这种交配行为感到羞愧，因此，在交配过程中，渡鸦都会找隐蔽处，这在鸟类世界中是独一无二的[111]。渡鸦确实是一种与众不同的鸟。

5 寓言作家与鸟类学家

（12～18世纪）

◀ **偷奶酪**

《列那狐的故事》与著名的《乌鸦与狐狸》的故事非常类似，解释了渡鸦的自负是如何让它弄丢奶酪、以及擅长溜须拍马的狐狸是如何抢到奶酪的。但是在这本书更靠前的章节中，也讲述了渡鸦是如何从一位上了年纪、腿脚不太方便的农妇手中偷来奶酪的。粗心的农妇将自己刚刚做出来的所有奶酪都放在筐里晾晒，渡鸦想偷走其中最大的一块易如反掌。

儒勒·雷纳尔、让娜·勒鲁瓦－阿莱、本杰明·哈比耶，《列那狐的故事》，1906年，第33页

　　动物寓言类作品并非中世纪唯一谈论动物的书籍，相反，还有许多其他种类的资料，历史学家可以从中获得丰富的、富有教育意义的、有关各类物种的独特信息，如百科全书、犬猎条约、驯鹰术、兽医类图书、马医学书籍、农艺学书籍、鱼类养殖书籍及寓言集、故事册等。单就寓言故事而言，不得不承认，诞生于中世纪的作品既非先驱也非革新者。中世纪寓言多为古代寓言的重写、翻译或再创作，即将古代寓言整理成册。就我们关心的渡鸦而言，中世纪的作用主要是承上启下，欧洲寓言中最有名的《乌鸦与狐狸》的故事得以在这一时期传承至后世。但不得不说，在这个故事中，渡鸦并非主角。

　　在近代，另一类型的创作为研究动物的历史学家提供了异常丰富的素材——动物学书籍。随着时间的流逝，动物学书籍中包含的鸟类学作品地位越来越重要，甚至逐渐形成一门独立的科学，成为专属于鸟类的作品。有关渡鸦的文章变得越来越多，内容越来越详细，学术价值越来越高，然而和《圣经》、圣师作品、动物寓言及神话传说一样，鸟类学作品对渡鸦也并不友好。

古代遗产

　　寓言通常用韵文或散文诗写就，篇幅短小，最后以充满教育意义的警句结束，旨在"娱乐视听"，同时兼具道德或生活上的教育功能。伊索创作的寓言被视作最古老的寓言。伊索为古希腊作家，对于他的身世我们一无所知，他生活在公元前7世纪，是弗里吉亚（小亚细亚）人，据传曾为奴隶。事实上伊索只是一个代号，在几个世纪中，人们将众多用希腊语写就的寓言归在伊索名下。流传于世的最古老的寓言集保存了约 500 个故事。当代学者证实其中有 358 个故事确实出自伊索之手。这些寓言故事中出现了很多通人情、懂人事、能说人话的动物。

伊索寓言中有 20 多篇均以渡鸦、小嘴乌鸦或寒鸦为主要角色。在这些文章中，上述三种鸦科动物区别明显，甚至带有等级属性。小嘴乌鸦的地位略低于渡鸦和寒鸦，它体形更小、更脆弱，经常因自己的弱小、天真送命。有一篇寓言被认为出自伊索，同时存在多个版本。故事指出，小嘴乌鸦的话不如渡鸦有分量，它的预言通常没有什么效果：

> 渡鸦有超凡的预言能力，人类对它言听计从。小嘴乌鸦对此非常嫉妒，突然萌生了效仿渡鸦的想法。为了向旅行者传达信息，小嘴乌鸦飞上枝头，冲着旅行者呱呱呱地叫。一听到这样的叫声，许多旅行者都感到心惊胆战，他们认为这预示着自己在旅程中会遭遇一些倒霉事。但其中一位旅行者抬头仔细观察后发现这是一只小嘴乌鸦。于是，

TAB. XVIII

Corvus. The Raven.

Cornix nigra. The Crow.

Cornix frugilega.
The Rook.

Cornix cinerea.
The Royston Crow.

他对自己的同伴说:"别怕,别往心里去,这不过是一只小嘴乌鸦,它的叫声没什么意义,让我们继续往前走吧。"

做人也是如此,那些想与强过自己的人抗衡的不仅最终会失败,还会遭受最犀利的嘲讽。[112]

另一则故事,讲述了寒鸦如何为自己的野心所累:

一只比旁的体形都大的寒鸦一直瞧不起种群里的其他寒鸦,它跑到渡鸦面前,声称要和它一起生活。但由于渡鸦对寒鸦的体形和叫声都不熟悉,因此它打了寒鸦,并将它驱逐。灰头土脸被赶回老窝的寒鸦回到自己的同伴中间。但其他寒鸦对这种背叛行为非常敏感,因此拒绝接受它。从此,它被驱逐出寒鸦社会,与其他个体都无往来。

做人也是如此。背叛祖国、崇洋媚外的人在本国声名狼藉。因为他们存有异心,因为他们并未善待自己的同胞,

Fabulistes et ornithologues

◀ **渡鸦和小嘴乌鸦**

很早之前,博物学家就已经意识到渡鸦与小嘴乌鸦是两种极其相似的鸟。但直到16甚至17世纪,鸟类学家才证实渡鸦、小嘴乌鸦、寒鸦与秃鼻乌鸦同属一科。之后喜鹊与松鸦也被归为它们的同类,这一科被称作"鸦科"。

弗朗西斯·威路比、约翰·雷,《鸟类志》(*Ornithologiae libri tres*),伦敦,1676年,藏品号 pl. XVIII

因为他们鄙视自己的同胞。[113]

  如此看来，渡鸦也不总是被攻击的那一个。另一则寓言讲述了一只生病的小嘴乌鸦为求疾病痊愈要求母亲向神明祈祷。它的母亲回答它："我的孩子，你觉得哪个神会同情你？还有哪位神你没有从人家嘴里抢过肉？"[114] 在古希腊，人们在众神祭坛上献祭的肉有一部分经常被鸦科动物偷走。伊索讲述的故事正是暗指此事。

  伊索寓言中还讲述了一只因沾沾自喜于比自己更聪明的狐狸的奉承而下场很惨的渡鸦。很显然，这个故事是最有名的：

  一只渡鸦偷了一块肉，栖息在树上。一只狐狸远远望见了它，想将肉据为己有。它来到渡鸦面前，赞颂它的体形和美貌。狐狸补充道，如果它的嗓音也足够出众的话，任何鸟都没有资格与它争夺鸟类之王的头衔。渡鸦为了向狐狸展示自己的嗓音也不差，将嘴里的肉放到一边，高声叫起来。狐狸趁机快步上前叼走了肉，说道："哦，渡鸦，你若能再有点儿判断力，就能够成为鸟类之王了。"这个故事为那些蠢笨的人上了一课。[115]

  虽然有些中世纪故事集也被称作"寓言集"——法语为

"ysopets"（由伊索的名字演变而来），但古希腊神话并没能原封
不动地流传到中世纪。流传过程中的许多"中间版本"也扮演
了重要角色。首先要提到的是费雷尔（公元前 14～50），古色
雷斯裔的古罗马诗人，和伊索一样，他也被认为是奴隶出身。
费雷尔创作了一部收录了 126 个寓言故事的作品集，其作品均
用华丽优美的拉丁文写就。这些故事中的三分之一直接由古希
腊文章改编，其他故事也均从古希腊文集中汲取灵感，作者在

《乌鸦与狐狸》

在巴约发现的绣品花边虽然不宽（七八厘米）却包含非常多的形象和图案：动物、
植物、虚构形象、几何图形、色情元素、田野耕作场景、谚语及著名的寓言故事
等。其中，很明显可以看出《狼和小羊》及《乌鸦与狐狸》的故事。也许这是以
这两则寓言为原型创作的最古老的图像作品了。

巴约刺绣品（细节，图下花边 4），约 1067～1077 年。巴约，挂毯博物馆

此基础上创作出全新的寓言作品[116]。中世纪时，费雷尔的作品
比他本人有名得多。他的许多作品被收录在中世纪初期编纂的
集子中，另外一些很早就被改编成散文诗，晚些时候，他的一
部分作品被翻译成了各地的本土语言。《乌鸦与狐狸》是最有名
的寓言之一，已经出现在中世纪初期编纂的故事集中，在后世
基于这些作品写就的各种寓言集中也可以读到。玛丽·德·法
兰西创作的寓言集中就有这个故事的身影。这位女诗人生活在
12世纪下半叶，但我们对她的生平却一无所知。相传她经常出
入金雀花王朝亨利二世（英国国王）的宫廷，与诺曼底公爵相
熟，和香槟地区伯爵亨利一世交情匪浅。总之，在1170～1190
年间，玛丽创作了100多个寓言故事，这些故事和伊索寓言很
像，但均用当地语言作韵文完成。《乌鸦与狐狸》就是其中之
一。就像在费雷尔和所有中世纪寓言作家的作品中一样，渡鸦
偷走的并非一块肉，而是放在筛子上晾晒的奶酪。狐狸极尽奉
承之语哄骗渡鸦展示其"优美"的歌喉，最终鸟儿中了圈套开
始唱歌，它美味的战利品因此落在了地上。

从列那狐到拉封丹

《列那狐的故事》的第二章约创作于1172～1174年，在玛

教堂中的寓言故事

如今孤零零屹立在西班牙北部的弗罗米斯塔的古罗马教堂曾是位于纳瓦拉坐落在圣地亚哥－德孔波斯特拉朝圣之路上的本笃会修道院。教堂中保留了许多托饰与柱头。图中展示的这个雕花柱头，一侧刻有魔鬼般的动物，另一侧刻有为一块奶酪争得面红耳赤的渡鸦和狐狸。《乌鸦与狐狸》的故事是欧洲最古老的寓言故事，应该也是最有名的一个。

弗罗米斯塔的圣马丁教堂（西班牙），大殿中的雕花柱头，11 世纪末

丽·德·法兰西寓言的当代文本中这个章节几乎原封不动地出现。学者们并非给某一篇文章命名为"列那狐的故事",这个名称下其实包含了 27 首相对独立的诗歌。这些诗长短不一,写作形式模仿武功歌,讲述了一只狡黠好斗、名叫列那的狐狸的冒险。每首诗均以每行 8 音节的诗句写就,自成一章,每章均以一个主要章节为核心配以多个附属情节。其中历史最悠久的章节写于 12 世纪最后三十年,构成整部书的核心;其他章节韵律不如这一段严谨,创作于 13 世纪上半叶。后续加上的篇幅创作目的发生了改变,幽默的内容与模仿武功歌的形式被对社会和世界尖锐有力的讽刺代替。全书共有几万句诗,由两大组诗歌组成,分别由二十多位作者创作,分属于三代人。两大组诗歌均围绕同一主题,即列那狐与大灰狼伊桑格兰等一众动物间的斗争,因此可以说全书的主要角色基本统一[117]。

这些动物角色一起构成一个真正的好似人类社会一样的动物社会。本书作者们最重大的成功之处在于完美地将人类特征和动物特征结合。每个动物形象都有自己的姓名、家庭、在封建社会中的地位和非常鲜明的个性特征。而且,这些特点都是参照每个动物的传统意象特征制定的。故事中渡鸦的名字叫吉失灵(Tiécelin),这个名字很有可能来源于古法语中的"tiercelet"一词。"tiercelet"本是训隼术中的专业词语,又为隼或鹰的雄性个体(体形比雌性小)。吉失灵在作品中算是个低配版的猛禽。此外，它也是狮王诺博尔的众多同谋之一，但并非其重要的左膀右臂。吉失灵还是位"瘾大技术差"的战士，在《列那狐的故事》第十一章中（约创作于1200年），它指挥着皇家军队的"第三梯队"。最重要的是，它还是个愚蠢、聒噪、好教训人的角色。列那曾两次拔掉它的羽毛，但并没有抓它，也没有吃掉它。

《列那狐的故事》第二章的灵感源自古代寓言，在这一章中，吉失灵又一次被自己的虚荣心所累。一位农妇将奶酪放在太阳地里晾晒，吉失灵见状偷走奶酪，还嘲笑可怜的农妇。之后，它落在高高的山毛榉上准备享用奶酪。树下，列那极力奉承吉失灵，还怂恿它展示自己美妙的歌喉。列那哄它说，它的歌喉一定比它老爸的还美妙。列那说它和渡鸦的老爸霍哈是老友，并夸赞它是一位"著名歌手"。吉失灵为了用歌喉震慑列那呱呱叫得越来越起劲，最终弄掉了奶酪。等在地上的列那伺机而动，一下子接住了奶酪。不仅如此，它还想伏击下来找奶酪的渡鸦。当吉失灵想夺回自己的食物时，狐狸一下扑住它。列那失手了，虽然拉扯下几根羽毛，但渡鸦还是飞走了。列那愤愤然诅咒道，下次一定不会让它逃走了[118]！

在费雷尔、玛丽·德·法兰西和绝大多数中世纪寓言作家笔下，渡鸦皆因放声大叫而遗失了嘴中衔着的奶酪。而《列那狐的故事》第二章中的情节并非如此，在这部作品中，这个场景更接近事实。渡鸦用爪子抓着奶酪，为了让叫声更加高亢，它必须高高地鼓起前胸，松开爪子，最终导致将偷来的食物遗失。

　　所有古代文明都认同渡鸦是聪明绝顶的动物，奇怪的是，在寓言故事及所有受寓言故事启发而作的文章中，渡鸦都被塑造成了一种骄傲、愚蠢的鸟。在大多数拉丁语、希腊语文献中，无论是叙述性文章、动物学文章、百科全书、神话，还是格言、成语和各类词汇、语料中，渡鸦都是最诡诈、最精明、最诡计多端的鸟。为什么到了寓言中它的形象发生了如此大的反转？难道仅为了在这种特殊的文体里，让拥有太过超凡甚至有点危险的智慧的鸟暂时不那么聪明？又或者应该像某位 15 世纪初的本笃会修士那样，为费雷尔和后续的寓言作家作品做出以下解释：那块奶酪其实被下了毒，渡鸦因拥有超凡的辨识力早就看出端倪，这也是为什么它情愿让奶酪被抢走。[119] 这种解释很显然是受了《本尼迪克特传》（ *Vie de saint Benoît* ）的启发，同时

▶ **《模仿老鹰飞翔的乌鸦》**

让·巴蒂斯特·乌德里（1686～1755），著名动物作家。他以拉封丹寓言故事为基础创作了很多作品。渡鸦出现在拉封丹寓言的 6 个故事中，但只在两个故事中是主角：《乌鸦与狐狸》和《模仿老鹰飞翔的乌鸦》。在第二个故事中，渡鸦看到老鹰用利爪抓起羔羊也想模仿，结果倒了大霉。由于自己的爪子没有那么大力气，牧羊人最终抓住渡鸦并将它关在笼子里。

让·德·拉封丹，《寓言诗》，J.-B. 乌德里作画，C. N. 科尚雕刻，卷 I，巴黎，1755年。19 世纪水彩重印版

LE CORBEAU VOULANT IMITER L'AIGLE

也受了渡鸦救过圣人命的故事的影响。另一位教士因嫉妒圣伯努瓦，便给他送了一块有毒的面包，渡鸦见状从圣人手中夺走了面包，如此一来，它救了圣人的命[120]。圣伯努瓦的圣徒传记最早版本见于 6 世纪，关于有毒的面包的假设只能被推到中世纪，不可能再向前推到古代。因此，寓言故事中渡鸦显露出的愚蠢仍然无法解释。

《乌鸦与狐狸》最有名的版本出自让·德·拉封丹，收录在他 1668 年创作的第一部故事集中。在这个版本中，作者把渡鸦描绘成贪吃、自负、愚蠢的鸟[121]。和作者创作的其他寓言故事一样，《乌鸦与狐狸》大获成功。孩子们年岁很小时就会背诵这篇寓言，尤其是在拉封丹曾就读的奥拉托利会学校中。18 世纪，某些悲观的人（或嫉妒的人）认为这种教育毫无道理又会损害孩子们。让-雅克·卢梭坚定地支持这种论调。在他有关教育学的专著《爱弥儿》[122]中，他几乎逐字逐句分析了《乌鸦与狐狸》。卢梭用不合时宜的讽刺反问道："何为'停在树枝上'？""何为附近'树林中众鸟之凤'？"之后，他心怀恶意地试图论证这篇寓言并不适合孩子阅读。为证实拉封丹的寓言晦涩难懂、伤风败俗，他甚至对渡鸦丢掉奶酪的本质提出质疑，之后提出以下问题："渡鸦是什么？"[123]就像在进行论战一样，卢梭总是过早给出评判，无稽的反对最终会与极具判断力的结论混为一谈。

拉封丹笔下的寓言流传甚广，盖过了其他或古或今有关渡

大拇指汤姆的故事

大拇指汤姆的故事在欧洲流传着多个版本。在英国，关于这个"迷你小人儿"的故事很早就和亚瑟王的故事融合了。《大拇指汤姆》于 1621 年首次被书写、刊印。故事的结尾，汤姆被一只渡鸦掠走，最终来到亚瑟王的王宫，并成为圆桌骑士中身材最矮小的一个。在返回家乡前，他进行了很多奇遇冒险。

《被渡鸦抓走的大拇指汤姆》，木雕，理查德·约翰森，《大拇指汤姆的故事》，伦敦，1775 年

鸦资料的影响。他的寓言给渡鸦附上一层可笑的滤镜，塑造了一个爱自夸的狭隘形象[124]。但这个形象与古代传统中赋予渡鸦的象征意义毫无关联，与实际生活中渡鸦的行为也不相符。它也不符合所有有关动物智力调查的最新结果：渡鸦的认知能力非常强大[125]。本书末尾我们还会讨论这个问题。关于寓言故事我们暂且说到这儿，下面让我们看看当代几位鸟类学家可以为我们带来关于渡鸦的哪些信息。

博物学家眼中的渡鸦

16、17 世纪，人类掌握的动物学知识确实取得了某些进步，但与我们期待的还相去甚远。相比中世纪，印刷书籍与版画的出现导致知识传播速度加快。画册在更新，书籍变得更加专业化，博物学研究所数量也在增加。此外，邮政与通信系统的发展促进了博学多识的学者间的交流；在很多大学中，开始开设动物学课程，课程不只局限于理论知识的思辨教学，也会涉及非常具体的实践教学，甚至会进行以教学为目的的解剖实验等。但并非所有动物都是这些进步的受益者。16 世纪时，人们主要对鱼类感兴趣；17 世纪，随着显微镜的发明，人类对昆虫的好奇心逐渐增大，研究主要瞄准"虫子"和其他小型动物。

欧洲印刷的第一部有关鸟类学的书籍是皮埃尔·贝隆（Pierre Belon，1517～1564）撰写的《鸟类博物志》（*L'Histoire de la nature des oyseaux*），该书于 1555 年出版于巴黎，由一个用"肥硕的母鸡做招牌"的书商出版（吉约姆·卡韦拉）[126]。皮埃尔·贝隆，药剂师、博物学家，龙萨（Ronsard）的朋友，受查理九世保护。他在书中列举、描写了约 200 种鸟类，将它们按体形、解剖学特点及习性分类。他自己似乎亲自进行过解剖，更重要的是，他在自然中对鸟类行为进行了仔细观察。他进行了很多对比，摒弃了很多在他看来错误的观念。和他的前辈一样，他也借鉴了很多古代先贤的观点，如亚里士多德、普林尼、埃里亚努斯。

贝隆书中有关渡鸦的章节位于第六卷开头[127]，由它领衔，引出一众"在草丛中到处翻找（以寻觅食物）"的鸟，如小嘴乌鸦、喜鹊、松鸦、乌鸫等。作者写道，渡鸦"被众人熟知"，这可能也是他没有在其外貌描述上花费太多笔墨的原因。作者说，

▼ **小嘴乌鸦和秃鼻乌鸦**

皮埃尔·贝隆，药剂师，之后又成为外交官，受多位主教保护。他创作的《鸟类博物志》一书是第一本用法语写就的鸟类学著作。贝隆在著作中舍弃了有关鸟类的奇闻逸事及它们在中世纪的象征意义，只专注描写他所熟知的在现实中存在的鸟。他将这些鸟按习性、解剖学特征分类，并亲自为各种鸟作画。该书奠定了基于实际观察的鸟类学的基础。

皮埃尔·贝隆，《鸟类博物志》，巴黎，基尔·科罗奇，1555 年，第 282～283 页

Craye.
Defcrip-
tion de la
Corneille.

Pāphaga.
Omniuo-
ra.

gument de dire que c'eſtoit *Gracculus* : mais nous monſtrerons cy apres qu'il en eſt autrement, & que ce nom Françoys eſt prins de l'Anglois, qui nôme vne Corneille, Craye. La Corneille ſeroit ſemblable au Corbeau, n'eſtoit qu'elle eſt plus petite, & moindre que le Freux, ayant le bec, les pieds, & iambes noires, auec toute la reſte du corps. Elle hante en touts lieux, & le long des riuages tant des fleuues, que de la mer, mâgeant de toutes choſes. Cela eſt cauſe qu'Ariſtote au troiſieſme chapitre, du huittieſme liure des animaux, l'â miſe au rang de ceux qu'il nomme *Pamphaga*, que les Latins dient *Omniuora*. Elle reſſemble moult au Chouca,

Coroni en Grec, Cornix en Latin, Corneille, en Françoys.

αἱ κορῶναι δ᾽ νέμονται ἀπόμεναι τ̄ ἐκπιπῖόντων ζώων. πα μφάγον γὰρ ἔστι. τὸ γῦ δια καθ᾽ ἐλίωσιν ἀλλήλων, &
κορῶτα & γλαῦξ, & κρεΐτΊον ἡ κορῶνα τῆς ἡμέρας, & ἡ γλαῦξ τ̄ νυκὶος ἔβι. Ariſt. lib. 8. cap. 3. & lib. 9. ca. 1.

qu'on nomme autrement Chouchette, ſinon que la Corneille eſt plus noire, & de plus grande corpulence. Et pource que nous la côfondons auecques le Freux, c'eſt à ſçauoir qu'au lieu qu'on les deuroit diſtinguer, nous voyons auſſi que le cômun peuple appelle les Freux, Corneilles. La Corneille fait ſon nid ſur la ſummité des arbres, dont les Corneillaux ſont bons à manger, tout ainſi que des Corbeaux, & Grayes. Elle ne vole en moult grandes troupes, comme les Freux, mais cômunement vont deux à deux, ou pour le plus que demie ou douzaine entiere.

Nous trouuons *Coroni Thalaſſios* es voyages d'Arrian differét à *Coruus aquaticus*, & dont auôs ia parlé au chapitre de *Aethia*. On luy attribue l'induſtrie de ſçauoir porter les noix en l'ær, & les laiſſer tumber ſur les pierres, pour les rompre, quand elle ne les peut caſſer de ſon bec. La Corneille meine guerre contre la Cheueche, & ſe vengeants, l'vne mange les œufs de l'autre la nuit, & l'autre le iour. Encor à inimitiez auec l'oyſeau nomme *Timpanus* : mais elle eſtant la plus forte le fait treſpaſſer. Lors que la Corneille en ſe lauât babille beaucoup, ſignifie la pluye à venir.

De la

De la Graye, Grolle, ou Freux.

CHAP. III.

ES noms Françoys Grolle, ou Freux, ont esté donnez pour
exprimer vn oyseau, que plusieurs pensent faulsement estre la
Corneille. Mais il appert autrement, & qu'ils viennent des La
tins *Frugilega*, *Gracculus*. Les Latins l'auoyét traduit des Grecs,
qui auoyent nommé *Spermatologos*. Il est maintenant à sçauoir
si le Freux, & la Corneille sont vne mesme chose, qui est autât
emander cóme si lon disoit à sçauoir si *Cornix*, & *Frugilega*, est vn. Et pour mon
er que ce n'est vne mesme chose, ne voulons que le bec des deux pour le prou-
, & aussi les meurs d'iceux: car vn Freux ne hante iamais le riuage, & ne se paist
eres que de grain, & vermine par les terres labourables: & toutesfois la Corneil

Grolle.
Freux.
Frugilega
Gracculus.
Spermato
logos.

Comparai
son du
Freux, à
la Corneil
le.

Spermologos, & Spermatologos, & Colios en Grec, Frugilega, & Gracculus en Latin,
Graye, Freux, & Grolle, en François. Le vulgaire le
nomme faulsement Corneille.

Σπέρμολόγος μδ) ἔιν, χ) τὰ τοιαῦ τα, τὰ μδ) ὅλως, τὰ δ' ὡς ὀπιτυπελὺ σπωλικοφάγα. Arist.lib.8.cap.3.

e aime à hanter le riuage, & manger de toutes infections qu'elle y trouue. Ce
reux est oyseau si cómun par les champs, & autât criard que nul autre que nous
oyons, & de grosse corpuléce. Varro en son liure de *lingua Latina* à dit, que *Grac*
ulus à esté nómé pour ce qu'il vole en troupe qu'on dit en Latin *Gregatim*. *Grac-*
uli (dit il) *quòd gregatim: vt quidam Græci greges gergera, &c*. Il est quelque peu
noindre que le Corbeau, mais plus gros que la Corneille, & qui à le bec long,

Descrip-
tion du
Freux.

渡鸦是"和老鹰一样大的鸟"[128]；大自然赐予它"十分巨大、尖利、微微弯曲的黑色的喙"，让它能以肉为食；它的羽毛非常黑，"以至于当人们想赞美一份黑色染料时，没有什么比将它比作渡鸦的黑色羽毛更贴切的了"。贝隆将更多的笔墨用在渡鸦行为的描写上，它喜欢"在高高的树上筑巢"；幼鸟一旦学会飞翔就会被从鸟巢中赶走。渡鸦对领地极为敏感，不愿与同类分享地盘，更不要说其他食肉的鸟类了。根据贝隆的说法，渡鸦最大的天敌是鸢和猫头鹰。它恨极了这两种鸟，所以总是尝试打碎它们的蛋或者啄瞎它们。相反，渡鸦是狐狸的好朋友，它会保护狐狸不受带着猎狗的猎人或其他大型猛禽的攻击。这种说法显得出乎意料，似乎源自亚里士多德[129]，中世纪动物寓言作家的作品中也曾出现。

　　和之前的所有作者一样，贝隆也用了很长的篇幅描述渡鸦令人讨厌的本质：它看起来像极了"来自阴间的生物"，叫声"十分骇人"；它生活在恶臭的空间里，以各类尸体为食。渡鸦是罕见的几种"人类不食其肉"的鸟。贝隆提到一件鲜有人写过的事：在乡下，农民有时会用"Colas"（"Nicolas"的简写形式）呼唤被驯服的渡鸦，渡鸦可以听懂，甚至能清晰准确地模仿出"Colas"一词的发音。他还指出，在英国，捕杀渡鸦被严令禁止，否则会受到"极其严厉的惩罚"，因为在城市中，渡鸦扮演着"道路清洁工"的重要角色，同时它们可以消灭"污染空气的腐尸"。

16 世纪，博物学作品的蓬勃发展不仅发生在法国，在其邻国也能见到博物学的繁盛，程度甚至更高。相关出版物层出不穷，但与书籍繁荣的速度相比，人类认知的进步要慢得多。亚里士多德和普林尼仍是被引用最多的作者（也是最常被抄袭的）。瑞士医生、博物学家康拉德·格斯纳（Conrad Gessner，1516～1565）博学多才、博览群书，但就渡鸦而言，他没有带来任何新鲜观点。他的鸿篇巨著《动物志》（Historia animalium）1555 年出版于苏黎世，该书第三卷的主题是鸟类[130]。作者按首字母顺序罗列了 217 种鸟类，并为每种鸟都配了一两幅木雕画。有关渡鸦的章节内容丰富、篇幅很长，但所涉及的内容均来自文献学、百科全书派观点及严格意义上的鸟类学[131]。其中有一半的内容与词汇、语言现象、神话、传说、文学、成语、谚语相关。因此，对历史学家来说这部作品非常有意义，因为其中汇集了中世纪的所有传统、表达、信仰和寓言[132]。但无论从有关渡鸦的内容来看，还是从有关其他鸟类的内容来看，该书均不能被看作鸟类学历史上的转折点。此外，格斯纳对植物学的兴趣大于动物学，他在植物学领域的建树更大[133]。

乌利塞·阿尔德罗万迪（Ulisse Aldrovandi，1522～1605）的作品中也可窥见人类认知的微弱进步。乌利塞是一位名医，同时在博洛尼亚大学任教。生前，他未能将自己的作品尽数出

CORNIX·FRVGILEGA.

10

20

30

40

50

tempus, locare pueros per arua cum arcubus, quando voce non deterrentur, qui eas abigant.
Et quia Ardea folet in earum nidis poftea nidulari, itaque eiufmodi infelices aues circa villas
nobilium, qui Ardearum aucupatu delectantur, in fummis arboribus, quibus villæ ipfæ vento-
rum flatus vehementiores vitandi caufa, circumfeptæ funt, impunè nidos faciunt: atque ita ge-
nus durat cum magno agricolarum damno . Quare memoria noftra in principum concilio
fancitum eft, vt eiufmodi Cornices modis omnibus funditus extinguerentur, conftituto etiam
pretio illis, qui eas necarent. Hæc fcribenti Ioannes Cornelius VVteruuerus Batauus M. D. Bataui quo
cuius opera in hac noftra Ornithologia plurimum ufus fum , Cornices hafce narrabat in fua modo Cor-
Batauia maximû fimiliter damnum agricolis inferre, adeo vt non minus, quàm Angli, fumma nices abi-
diligentia, uoce nempe primùm, dein ærei uel ferrei ad hoc munus duntaxat concinnati crepi- gant.
taculi molefto atque obftrepero fonitu , poftremùm coniectis in illas lapidibus fugare eas co-
gantur.

版，在其身后，乌利塞的学生将他的课堂笔记加以整理，并以老师的名义出版了多部在整个 17 世纪影响深远的作品[134]。乌利塞生前只在 1599～1603 年间于博洛尼亚出版了三部鸟类学著作[135]，其中贡献给渡鸦的章节格外长——占大开本书籍中的足足 50 页，且行间距很紧密。[136]但与古时认知相比，仍旧没有提出任何新观点。和格斯纳一样，在乌利塞的作品中，有关渡鸦的内容更具百科全书派的风格而非传统意义上的鸟类学著作。涉及渡鸦的一章被分成 31 个部分，我们有必要将这 31 个部分全部列出以分析乌利塞的创作初衷，或者单从对动物学著作的分析来说，列出这些部分有利于了解该著作的内容：1. 介绍；2. 渡鸦名称（12 种语言）；3. 同义词与词汇分析；4. 鸦科；5. 亚种和变种；6. 体态特征；7. 常见栖所；8. 叫声（足足3 页！）；9. 嗅觉；10. 飞行方式；11. 食物；12. 贪吃的本性与战斗天赋；13. 筑巢方式；14. 繁殖与教育后代；15. 习性；16. 智商

◀ **乌利塞书中的小嘴乌鸦**

乌利塞·阿尔德罗万迪创作的鸟类学专著是为数不多在其生前出版的动物学书籍。按照 16、17 世纪的传统，其中一本的第一章专注于猛禽，渡鸦及其所属的鸦科被归为小型猛禽。小嘴乌鸦也被归为小型猛禽。雕刻画画家出于突出符号意象的目的将小嘴乌鸦的喙着较浅的颜色，而为渡鸦的喙着较深的颜色，这一点似乎有些脱离事实。该书基于实际观察写就，因此在书中作者强调小嘴乌鸦的喙呈黑色，渡鸦的喙呈灰色。

乌利塞·阿尔德罗万迪，《鸟类学》，波伦亚，1599 年，第 753 页

（足足 3 页！）；17. 与其他鸟类友善或敌对的关系；18. 疾病；19. 寿命；20. 渡鸦名称对地名的影响；21. 渡鸦名称对人名的影响；22. 预言能力（足足 7 页！）；23. 气象学；24. 古代神话；25. 基督教传统；26. 成语谚语；27. 对药学的贡献；28. 纹章与意象；29. 寓言；30. 传说；31. 标志性历史事件。

阿尔德罗万迪的作品更像一部博物学著作而非严格意义上的动物学著作，总之，只有历史学家对他的作品感兴趣。他书中的几乎所有内容在格斯纳的作品中都有体现，17 世纪的一些作家作品中也可读到相似的内容。简·琼斯顿（1603～1675），莱顿的名医、苏格兰人。他创作了一部动物学百科全书，但无论从书籍中论述的观点还是从书籍内容组织来说都和中世纪作品并无二致。与格斯纳和阿尔德罗万迪的作品相比，简的作品中使用铜版雕画而非木雕画，因此，图片精细程度得以提高，尤其对鸟类进行了细致入微的描绘[137]。

渡鸦的新敌人

总的来说，从第一本动物学专著的刊印到 18 世纪著名的博物学著作问世，在此期间，鸟类学并未取得实质性进步。直到启蒙运动前，即便进行过动物解剖的学者也未能推动该领域认知的长足进步。随着欧洲人在未知大洋和遥远大陆上的不断探索，越来越多的未知鸟类被发现，专家们的精力更多集中在对其进行分类、再分类上。

人类对乡野间鸟类的认知进步更多体现在农村经济学专著或旧制度下以"田野耕作"为主题的书籍中。这些书籍经常出现有关鸦科动物的片段，但多与实用知识相关，比如，鸦科动物多有害，可导致农作物严重受损，它们尤其喜欢正在发芽的种子。书中多介绍如何驱赶、设套捕捉、毒害鸦科动物以免受其侵害。此外，书中内容多针对小嘴乌鸦或秃鼻乌鸦，很少涉及渡鸦。从 12 世纪起，渡鸦在欧洲很多地区都不再常见了。这些实用知识很少见于字典或百科全书。字典和百科全书中对渡鸦的介绍也不多，但会收录某些古代寓言或中世纪动物寓言的片段，如安东尼·富里绨尔（Antoine Furetière）于 1690 年出版的《万有词典》（*Dictionnaire universel*）。因与法兰西学术院编纂的词典互为竞争，安东尼提出该词典的编纂计划时就被法兰西学术院除了名。

CORBEAU（渡鸦），阳性，单数。以腐肉为食的黑色的鸟。成年渡鸦因雏鸟身上气味太重，会将它们从窝里轰走，让它们听天由命、自生自灭。有句俗语形容人像渡鸦一样黑，因为渡鸦确实很黑。当人们想写出非常细的笔迹

绘画与鸟类学

17 世纪时，自然科学吸引了众多弗拉芒艺术家。扬·范·凯塞尔（Jan van Kessel，1626～1679）便是其中一员。这位来自安特卫普的画家是"绘画王朝"勃鲁盖尔的家族成员。他擅长以写实的风格描绘鸟类、昆虫和贝壳的细枝末节。他的作品《鸟之树》存在多个版本，现收藏于雷恩美术博物馆中的一幅呈现出的鸟类种类最多，有 50 多种。

扬·范·凯塞尔，《鸟之树》，约 1665 年。雷恩，美术博物馆

时会使用渡鸦的羽毛。曾经，人们把渡鸦称作"corbin"，拉丁语中渡鸦被称作"corvus"。[138]

　　这是书中最简单的介绍之一，富里绨尔在描述其他鸟类时用的笔墨要比这多得多，如对鹰或秃鹫的描述。法兰西学术院在四年后出版的词典中对渡鸦的解释和富里绨尔一样："以腐肉为食的黑色大鸟。"同时，为"渡鸦"一词添加了两个引申义："corbeaux（渡鸦）一词可指搬运尸体的人或用来抵住房梁的大石头或凸出的木料。"第二个引申义在词典出版时已不再使用，是 14 世纪时的用法。但借指装殓和埋葬尸体的人的用法出现较晚，似乎与 1630 年和 1660 年爆发的鼠疫有关。

　　18 世纪，在通常被认为由狄德罗和达朗贝尔主持创作的《百科全书》[*Encyclopédie*，全名为《百科全书或科学、艺术和手工艺分类字典》(*Encyclopédie ou Dictionnaire raisonné des sciences, des arts et des métiers, par une société de gens de lettres*)，由完整书名可见其内容之包罗万象] 中，渡鸦在博物学、医学、神话、词语引申义、建筑学或军事艺术中对应多条解释[139]。其中最主要的解释由路易·道本顿（Louis Daubenton，1716～1800）编写。这条解释只涉及鸟类学信息，对渡鸦进行了详细深入的描写。释义中甚至明确了为编写这条解释选择的渡鸦："重 2 斤 2 两，身长从喙到尾尖接近 2 古尺，翼展接近 4 古尺[*]。"[140] 由此可见，被观察的个体不算大。

　　和启蒙运动时代的作家创作的百科全书一样，由狄德罗和达朗贝尔主编的百科全书的读者对与渡鸦相关的知识并不感兴趣。不如去看一看与之竞争的作品——乔治‐路易·勒克莱尔即布丰伯爵的大部头著作《自然通史》(*Histoire naturelle*)，该书得到当时的政府支持，因此并未受到严厉审查的迫害。这部由 35 卷超大开本构成的作品于 1749～1786 年出版，此时布丰伯爵还在世。在这部书中，渡鸦终于拥有了属于自己的一章，而非一条简单注释。和它同类型的鸟也享受了相同的待遇，如大嘴乌鸦、小嘴乌鸦、冠小嘴乌鸦、秃鼻乌鸦、寒鸦等，喜鹊和松鸦被收录在另外一卷中。布丰将渡鸦及其为数不多的同科鸟归在"小型猛禽"一卷，且明确指出，渡鸦是这一类鸟中的"最后"一种。在看过了作者对它的描述后，应将这个"最后"理解为渡鸦在所有"小型猛禽"中的地位，而非渡鸦一章在书中的位置。因为在作者看来，渡鸦是一种"非典型"猛禽，是令人厌恶的生物。

　　《自然通史》中的第 18 卷主题为渡鸦及与之相近的鸟，是

---

* 　法国古单位，12 两为 1 斤，1 斤在巴黎为 490 克，外省为 380～550 克不等；
　　1 古尺为 325 毫米。——译注

全书 9 卷谈论鸟类中的第三位。这一卷出版于 1774 年。那时，布丰已与路易·道本顿关系疏远，未能像从前一样合作，也未能让道本顿帮他审阅著作。对于书中的解剖学内容，布丰只得依靠菲利普·吉纳佑·蒙贝利亚德（Philippe Guéneau de Montbeillard，1720～1785）的帮助。菲利普的作品虽然简洁明了、尊重事实，但从科学严谨性上说远不及道本顿。此外，若两年前道本顿未与布丰翻脸[141]，他很可能会将作者的语言修饰得婉转一些。布丰对难以分类的动物总是心怀憎恨，加上其文风向来泼辣，因此，他用极其辛辣的语言描绘了渡鸦的形象，使得渡鸦成为全书中最不祥的动物之一。以下是原文选段：

> 从古至今，这种鸟一直家喻户晓，它的坏名声更是人尽皆知。……它一直被视作猛禽中的末位选手，是最卑鄙、最下流的一个。发臭的尸体是它食物的基础。……据说它有时会攻击一些大型动物，甚至还能占上风。它的诡谲、灵巧弥补了力量上的不足。它会先啄瞎水牛的眼睛，再稳稳地站在它的背上，用力地、一寸一寸地啄食它。渡鸦这样做并非生存所迫，仅仅因为它对血与肉有天生的偏好，这让它的残忍更添了一分可憎。……若在刚刚描述的渡鸦形象上再加上它丧服似的羽毛颜色、凄厉的叫声、难看的

姿态、凶残的目光、散发恶臭的身体，长久以来它被视作
恶心、可憎之物也就不足为奇了。[142]

可以肯定的是，很难将渡鸦的形象塑造得更卑鄙了。

▼ 《农妇与乌鸦》

乔治·斯塔布斯（George Stubbs，1724～1806），著名画家，尤其擅长画马。他以
约翰·盖伊（John Gay，1685～1732）创作的寓言故事为灵感绘制了下图。一位
身形肥硕的农妇去市场卖鸡蛋，她希望能卖个好价钱。她骑上一匹又老又可怜的
马，先前，她总是虐待这匹马。在路上，马被渡鸦凄厉的叫声吓坏了，一跤摔在
地上，背上自私、贪婪的农妇险些跌落在地，满满一大筐鸡蛋也全碎了。

乔治·斯塔布斯，《农妇与乌鸦》，1782 年。耶鲁大学，英国艺术中心，保罗·梅
隆藏品

6 死亡的先兆（*19～21 世纪*）

L'avant-courrier de la mort

◀ **墓碑的树**

叶片落尽、枝丫虬曲的树被风吹得弯下了腰，树枝上站着几只渡鸦，还有一些在树周围盘旋。这棵树代表了死亡与悲伤。画面中远景处可以看到一座青葱的小丘陵、一处开阔的水面和泛着粉红与微黄的天空，这些元素让画面色调更加明亮，同时也给人以希望。

卡斯帕·大卫·弗雷德里希，《乌鸦之树》，1822 年 巴黎，卢浮宫

从 18 世纪末到整个 19 世纪，布丰的作品广为流传，作者本人也备受尊重，这对渡鸦来说真是太遗憾了。虽然鸟类学对渡鸦的研究很快走上了另外一条道路，但在一次次缩略版的《自然通史》再版过程中，渡鸦可憎的形象始终未被抛弃。缩略版《自然通史》在法国甚至整个欧洲广为流传，是名副其实的畅销书。该书在好几十年间对不同领域产生了深远影响，如艺术与文学创作（所有作家、艺术家都曾读过布丰的作品）、教育、大众常识、公众舆论，甚至在农村，恐惧、信仰、集体行为均受其影响。从地方到国家的各级权力机关也继承了布丰的衣钵，宣扬渡鸦是"极其有害的鸟类"，允许人们运用各种方式大面积捕杀渡鸦。加洛林王朝时期的基督教传教士的所作所为与十个世纪以前在弗里斯海边和图林根森林里的人们别无二致。直到第一次世界大战甚至更晚，在深山或某些幽闭的山谷中，官方还支持人们使用灭鸟药剂，这一行为类似于某种历史悠久的"乡间妖法"。

如今，针对鸦科动物的战争仍能登上很多欧洲乡村的新闻。但具有讽刺意味的是，在其他领域，如动物行为学和动物智慧研究领域，渡鸦进行了复仇，对于人类对它的敌意，渡鸦的回应给我们响亮一击。

浪漫主义艺术家的黑色鸟儿

让我们将视线停留在 19 世纪。在艺术和诗歌领域，浪漫主义艺术家赋予渡鸦代表性的象征意义，它几乎成为守护之鸟。第一代浪漫主义诗人和艺术家（即启蒙主义末期的艺术家们），还未开始对渡鸦展现出兴趣。他们也未对黑色产生喜爱。他们更倾心于大自然的绿色或代表梦境的蓝色。下一个世纪的艺术家开始被恐怖的黑暗和阴森氛围吸引，因此，他们的目光聚集在这以腐肉为食的黑色致命之鸟上。

从 19 世纪 20 年代起，浪漫主义人物形象变得越来越焦虑不安，不仅一直在寻求某种不可名状的"悲伤的幸福"（维克多·雨果），而且认为自己已被天命束缚，被死亡吸引。英国哥特式小说已在上个世纪引领了以死亡为主题的艺术创作风尚[143]。从 1808 年起，歌德的《浮士德》继续延续这一主题，并在整个欧洲持续产生影响。黑色开始侵入艺术的各个领域，从诗歌到故事，从小说到戏剧，从雕刻到绘画。这是暗夜与死亡的胜利、巫婆与死尸的胜利、怪谈与神怪题材的胜利。以长着黑色皮毛或羽毛的动物为主题的动物寓言逐渐出现，渡鸦成为其中绝对的"C 位"。从那时起，渡鸦成为不被世人理解的诗人和被诅咒的艺术家常去之地的绝对标志，如陡峭的山崖、神秘的洞穴、被遗弃的墓地、无人踏足的骷髅地、荒芜的乡野、断壁残垣、坍塌的高塔、一片狼藉的城堡、与世隔绝的监牢……虽然渡鸦并非夜行之鸟，但因为它的毛色，人们总是将它与黑暗的世界、暮色，甚至巫魔夜会联系在一起。所有诗人都在颂扬黑夜，让人们又期盼又害怕的黑夜，那是人们的庇护之所，是充满噩梦的荒原，是幻影之地，是暗黑之旅的目的地，充斥着死亡之气。在这样的地方，渡鸦怎么可能缺席。

　　事实上，很早以前，渡鸦就已经出现在版画作品中，用以代表暗夜的神秘和死亡的感觉，如弗朗西斯科·戈雅（1746～1828）、威廉·布莱克（1757～1827）的作品。在版画中，渡鸦形象总是令人恐惧、焦虑，这种风格贯穿了整个 19世纪。在绘画作品中，渡鸦总是和荒芜、悲凉的景色一起出现。此时，它代表充斥在这些地方的恐惧、忧伤和死亡。卡斯帕·大卫·弗雷德里希（Caspar David Friedrich）创作于 1822年的画作《乌鸦之树》（L'Arbre aux corbeaux）就是这种景色的典型代表。严冬、暮色，可能是一日的终结、一年的终结，甚至一生的终结。总之，人类是不会出现在这样的画面中的。画面前景，背光之处可见一处坟堆（根据画布背面的说明，这是一位古时战士的坟墓），坟堆之上可见一棵盘根错节、叶子落尽的树。在光秃秃的枝杈间，在乌云密布的天空中，许多渡鸦散乱无章地飞舞，画面激荡不安、令人恐惧；远景处，波罗的海的色调更加明亮，也许代表着希望、自由和重生[144]。

记忆中阴森忧郁的渡鸦

弗雷德里希的作品中除了可以看出死亡的象征意义，还散发出一股浓浓的忧郁之感。忧郁在中世纪时曾是非常严重的疾病，这种"世纪痼疾"的法语写法为"mélancolie"，从词源学上说，这个词的意思是"黑胆汁过多"。在 19 世纪初期的艺术家和诗人眼中，忧郁是一种无可避免的状态，甚至是一种美德。所有诗人都应具有忧郁之气，要么英年早逝，要么将自己禁锢在一种无法摆脱的悲伤中。热拉尔·德·内瓦尔的十四行诗《不幸的人》（*El Desdichado*）的第一个诗节中提到的"黑色太阳"成为第二代浪漫主义诗歌的标志性象征。

> 吾乃阴郁之体，鳏夫之命，难觅慰藉，
>
> 似被困废弃城堡的阿基坦王
>
> 我唯一的星已死，
>
> 那以星为饰的诗琴，
>
> 擎着一轮忧郁的黑色太阳。[145]

比"黑色太阳"创作时间早十多年，爱伦·坡（1809～1849）著名的叙事诗《乌鸦》（*The Raven*）中凄惨的渡鸦本应成为浪漫主义诗歌的代表形象。

　　这首诗于 1845 年 1 月底首次发表于《纽约晚镜报》(*New York Evening Mirror*)，一经发表便在美国和英国大获成功。该诗经多次重印，之后一直被模仿、注疏、过度解读，被改编为音乐作品和图画作品。它为爱伦·坡带来声誉却未能带来财富。诗人于诗作发表四年后去世，鳏夫、贫穷、酗酒、绝望是打在他身上的标签。《乌鸦》一诗的法语译文于 1853 年 1 月首次出现在《阿朗松报》(*Journal d'Alençon*)上，译文水准平庸且未署名。夏尔·波德莱尔作为爱伦·坡的法国"迷弟"两个月后在自己经常合作的周报《艺匠》(*L'Artiste*)上发表了译文，该版本质量显然更高。即使 1875 年斯特凡·马拉美的译文并不比波德莱尔的逊色，但波德莱尔翻译的版本始终是最有名的 [146]。

　　总结爱伦·坡的诗歌并非易事，不是因为叙事晦涩难懂，主要是因为其文字具有很强的音乐性，富有节律、铿锵有力，概括他的诗只会导致歪曲和走样。他写的是一个离奇的故事：

▶ **死亡的信使**

爱伦·坡的诗歌《乌鸦》(1845) 的成功贯穿整个 19 世纪。许多知名或不知名的艺术家曾为这首诗作画。斯特凡·马拉美将这首诗译成法语 (1875)，爱德华·马奈为它创作了插图。夏尔·波德莱尔翻译的版本也吸引了很多插画家，古斯塔夫·多雷在晚些时候为它创作了一系列浪漫主义版画，画作以死亡为主题，非常契合诗人的创作初衷。

古斯塔夫·多雷，《乌鸦》，1883 年

在一个昏暗寒冷的夜晚，一个男子在自己的房间里翻阅古籍。对他来说，这是忘掉已逝爱人丽诺尔（Lénore）的方法。男子半梦半醒之间一个声音惊醒了他。他起身，开门，却不见任何人在门外，也听不到任何声音，唯有阵阵轻声呢喃，仿佛在说："永不复焉。"（Nevermore.）他重新坐下，但声音再次响起，这一次是在窗边。男子推开窗户，一只硕大的渡鸦飞进屋子，落在帕拉斯女神的半身像上。叙述者质问渡鸦，问它的名字、问它来自何方、问它是谁，但渡鸦对此只有一句答语："永不复焉。"男子茫然困惑、焦虑不安，他重新坐下，暗自忖度，寻思着也许渡鸦只会说这四个字。之后，他重新陷入新的幻想，再次想到爱人丽诺尔，他自言自语，却总被渡鸦的"永不复焉"打断。气氛变得越来越压抑，男子重新振作、勃然大怒，他控诉渡鸦是魔鬼，是厄运的先知。最后，他质问渡鸦来日是否能与丽诺尔再相逢，答案还是残忍刺耳的"永不复焉"。他筋疲力尽，心灰意冷。他拜托渡鸦回到冥界之后拥抱丽诺尔，但可怖的答复再次响起，"永不复焉"。在渡鸦的注视下，他瘫软在房间的地板上，他的灵魂似乎将永远成为鸟儿的俘虏。

夏尔·波德莱尔用他擅长的散文诗翻译了这首诗，显然比我对诗歌苍白的概述优美得多。但偶尔会有人批评其译文流畅性欠佳，显得断断续续。为在法语版中还原诗歌的音乐性，保留所有共鸣、重复、数量繁多的叠韵、精妙的格律，波德莱尔

令人不安的鸟

爱伦·坡诗中的渡鸦并不聒噪，他只会说一个词"nevermore"（永不复焉）。但它
不停重复这一词，字字锥心，显得更加骇人。

奥迪隆·雷东（Odilon Redon），《渡鸦》，炭画，1882 年。渥太华，加拿大美术馆最终呈现给读者一篇比原文更晦涩的译文，他添加了很多标点符号，让文章被分割成零散的段落。波德莱尔有其他的选择吗？马拉美也遇到了同样的困难。然而，两位译者都成功地还原出主人公所在的房间和整首诗歌呈现出的阴森气氛，还原了渡鸦令人难以忍受的话语，尤其是最终将叙述者引向绝望的、不断加重的苦恼和焦虑。

　　为让您更直观地感受，以下是波德莱尔翻译的诗歌的前两节和最后两节：

　　　　曾几何时，黑夜凄凉，
　　　　虚弱、疲劳的我独自沉思，
　　　　面前是许多珍贵、稀奇却已被遗忘的经卷教义；
　　　　当我昏昏欲睡之时，突然，传来轻轻的拍打声，
　　　　似有人轻轻拍打，叩响我的房门。
　　　　"许是某位不请自来的客人到访，"我暗自忖度，
　　　　"定是如此，绝对无他。"

　　　　啊！我清晰地记得，那是寒风刺骨的十二月，
　　　　每根燃烧殆尽的木柴都在地板上勾勒出自己的末日之光。
　　　　我炽烈地盼望清晨，
　　　　我竭尽全力试图从书籍中找到悲伤的缓解之法，

从失去丽诺尔的悲伤中脱身，

然而一切皆是枉然。

那位珍贵、耀眼的姑娘，

被天使们称作丽诺尔的姑娘，

如今她的芳名却再不会被提及，永不。

············

"让这话成为你我分别的号令，飞鸟还是恶魔！"我起身吼道，

"滚回暴风雨中去，滚回冥界的暗夜去；

切勿在此留下一根黑色的羽毛；

勿让它成为你灵魂中暗藏的谎言的记忆；

切勿破坏我的孤独；

从我门上的雕塑上走开；

把你的利嘴从我的心上拔出；

让你的恶灵从我的门口滚开！"

乌鸦说道："永不复焉！"

那只乌鸦，决绝而坚定，它一直立在，

立在我房门上惨白的帕拉斯雕像上；

它的双眼好似梦游的恶魔，

灯光流洒在它身上，

将它身形的暗影投射在地板上；

在这片摊在地板上的阴影之外，

我的灵魂永远无法耸立振作，

永不复焉！

　　作者为何会选定渡鸦这一形象呢？想回答这一问题并不困难。爱伦·坡曾多次就诗歌的结构和表意进行说明，从中我们也能得到一点线索。渡鸦可以"说话"，擅长语言，在古代神话中充当神的使者。另外，渡鸦通体乌黑，外形阴森可怖，叫声凄惨阴沉，它一出现，总是伴随吓人的气氛，甚至预示着死亡。此外，渡鸦是完美的浪漫主义意象，对于诗人和艺术家来说，它是冬天、寒冷、悲伤、死亡的绝对代表。它寿命很长，且在智力上超越其他所有鸟类。它还肩负着引导亡灵去往阴间的重任，它非常了解冥界的一切。因此，诗中的渡鸦一定知道丽诺尔在另一个世界过得如何，它也心知肚明等待叙述者的命运是什么，但它对此只字不提，只是不断重复"永不复焉"。简简单单的四个字，配上渡鸦沙哑的嗓音，绝对可以制造出阴森吓人的效果。

巫术与秘教

　　浪漫主义发展到末期，艺术家们热衷于创造某种令人毛骨悚然的气氛或病态的状态，内瓦尔诗中的"黑色太阳"和爱伦·坡诗中可怖的渡鸦都是这一时期的象征符号。几年后，波德莱尔带着自己恐怖吓人、锥心刺骨的诗句来了："撒旦，怜悯我漫长的苦痛！"[147] 19 世纪中期，浮士德与魔鬼之间的交易成为最热门的话题。此外，神怪题材（fantastique）成为贯穿整个世纪的艺术创作主题。尽管在法语中，"fantastique"一词很晚才成为名词[148]，但其名词用法指代的概念很早之前就已经存在。神怪题材并不是讲述浪漫主义初期文学作品中仙境般的奇事，而是一股暗黑之风，将离奇、玄奥、疯癫、魔鬼与人类命运的悲剧连在一起。秘教与通灵术是当时的潮流。有些诗人会在墓地集会；另一些会加入某些秘密会社，乐于参与阴气森森的宴会，用人的头骨做饮酒的器具。如果巴尔贝·多尔维利（Barbey d'Aurevilly，1808～1889）和维利耶·德·利勒－亚当（Villiers de L'Isle-Adam，1836～1889）的话可信，他们甚至还会吃渡鸦的肉[149]。因此，可以说，渡鸦这种黑色的鸟既是浪漫主义的代表，也是神怪主题的代表，更是狂热浪漫主义和象征主义的代表。

　　19 世纪 20 年代，戏剧领域也开始关注死亡与悲伤。人们开

冬季景象

卡斯帕·大卫·弗雷德里希的作品《乌鸦之树》（1822）以其凄凉之美与带着希望的亮色迅速成为浪漫主义画作的代表。许多艺术家、画家、雕刻家竞相模仿，多比尼便是其中之一。他以卡斯帕的作品为蓝本又绘制了多个版本，并将这些画作制成版画。

夏尔-弗朗索瓦·多比尼（Charles-François Daubigny），《乌鸦之树》，蚀刻版画，1867 年

始将暴力与罪行搬上舞台。18 世纪末，莎士比亚的作品重新流行。之后，黑暗浪漫主义继续发展，将莎士比亚笔下的很多人物列为代表性人物：哈姆雷特、亚戈、麦克白夫人以及所有与罪行和死亡相关的角色。渡鸦显然是其中一员。此外，渡鸦还是英国戏剧作家作品中最常提到的鸟。渡鸦出现在戏剧作品中并非要扮演什么悲剧性角色，只是它的名字比其他鸟类如鹰、夜莺或白鸽更多被提及，但另外三种鸟也经常出现在各类作品中[150]。每次渡鸦与图画、对比、成语或某种语言现象相关时都是为了与凛冽刺骨的寒风、世间鬼魂、巫师相连，同时将威胁、诅咒或坟墓搬上舞台[151]。

19 世纪末，秘教风潮兴起，这股风潮醉心巫术，多出现在廉价小说或受大众喜爱的戏剧作品中，属于夸张的、传奇性秘教。魔鬼也很流行，魔鬼多由一系列长着暗色羽毛或皮毛的动物陪伴登场。渡鸦、猫、公羊是其中的明星，总与游荡于人世间的鬼魂和吸血鬼一起出现。巫魔夜会的场景也被重新复原，这是一种与弥撒相对的集会，亵渎神灵的势力均参与其中，它们也很喜欢之前提到的毛色灰暗的动物。巫魔夜会皆发生在晚上，在一片漆黑当中，在废墟附近或密林之中举行，有时也会在地下进行，总之要保证绝对的黑暗。参加者均着黑服，浑身涂抹炭黑，从巫魔夜会离开后，它们会直接出席魔鬼的弥撒、宴会、献祭活动或狂欢酒席。上述场景多出现在布袋木偶戏或质量低劣的文学作品

一部著名的恐怖片

阿尔弗雷德·希区柯克的影片《群鸟》（1963）改编自达夫妮·杜穆里埃发表于
1952 年的短篇小说《鸟》。小说中的故事发生在康沃尔，电影将故事发生地转移
到加利福尼亚，但故事的主线不变：群鸟（其中包括很多渡鸦）以残忍、致命的
方式攻击当地居民。影片中未对鸟儿的奇怪行为给出任何解释。电影已经足够恐
怖，短篇小说的情节则更加离奇、令人不安。二者都是可以让人产生世界末日之
感的可怕作品。

阿尔弗雷德·希区柯克，1963 年

中，随后，以更加艺术性的方式出现在 20 世纪 20 年代表现主义
电影中。之后也并未消失，而是以更丰富的形式出现在更接近近
代的恐怖电影及质量良莠不齐的黑色悬疑小说中。

　　发生在本书主人公——渡鸦身上的新鲜事是它成为魔鬼、
吸血鬼和巫师身边的动物之一。中世纪末期时此现象还并未出
现，甚至 16、17 世纪的重大巫术活动中也不见乌鸦的身影。这
种变化也许是受了浪漫主义及紧随其后的象征主义的影响。这
两种风潮凭空将渡鸦想象成了夜行鸟类（然而事实并非如此），
把所有在暗夜之中发生的见不得光的坏事与它联系在一起。渡
鸦毛色的乌黑成为它生活环境的代表色。

　　既然说到了电影，就不得不提阿尔弗雷德·希区柯克的大
作《群鸟》（1963），片中将渡鸦令人毛骨悚然的谜一般的行为
搬上银幕：它们本来站在高高的电线上，突然群起而攻击男人、
女人和孩子。它们将人类的脸撕破、将人体器官扯下来，或干
脆啄瞎他们的眼睛。渡鸦攻击一群刚走出校园的小学生的场景
成为电影史上最著名的恐怖场景之一。对观众来说，电影塑造
的焦虑和恐惧感也是由于影片没有就渡鸦的骇人行为给出任何
解释。这一点和达夫妮·杜穆里埃撰写的原著故事《鸟》如出
一辙，而这个短篇故事更加恐怖[152]。电影的绝大部分场景发生
在白天，渡鸦也不是唯一的行凶者（还有湖鸥和海鸥），但是其
群体数量之庞大，让这部彩色电影蒙上了浓浓的黑色，甚至导

致观众观影后误以为自己看了一部黑白电影。相比黑炭、窑炉、沥青、墨水或地狱，从古代神话到当代电影中，渡鸦几个世纪以来一直是黑色的最佳代表。也许因为它是活的生物，因此这种意象更加具有冲击力。富生机却浑身漆黑！

如今，某种低劣的、商业化的、幼稚的神秘主义继续将渡鸦塑造成经常出现在新凯尔特人或新维京人的教徒杂志、与魔鬼相关的出版物、秘教连环画、哥特风电子游戏、血腥恐怖电影、恐怖的英雄奇幻电影、玩具或与魔鬼相关的小饰品上的形象。它黑色的羽毛经常与红色的血液相连。还是让几百年后的注释学者来评价渡鸦为历史和符号体系带来的所有影响吧。

乡村生活

让我们稍微回顾一下历史，一起看看乡村生活中的迷信行

▼ **暴风雨中的渡鸦**

这幅画有时被认为是梵·高的遗世之作。黑色的渡鸦和暴风雨即将来临的骇人天空预示着迫在眉睫的悲剧——画家的自杀。然而，考证证实梵·高在画完这幅作品后还创作了多幅画作，没有任何证据证明这些盘旋在田野上、翱翔于暴风雨前的阴暗天空中的渡鸦是厄运的象征。

文森特·梵·高，《渡鸦群飞的麦田》，1890 年。阿姆斯特丹，梵·高博物馆

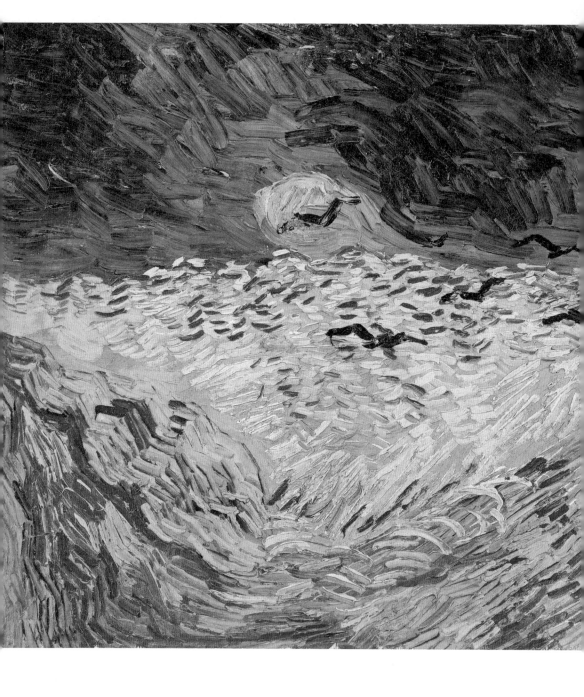

为。18、19 世纪的乡村迷信行为和中世纪的如出一辙，只不过流传下更多记录和资料而已。在欧洲，神父和牧师非常注重记录教徒的迷信行为，以便对其进行控制或干脆消灭它们[153]。之后，民俗学者及研究乡村生活和当地学社的人种学家接替神职人员继续进行相关工作。他们将收集来的资料进行系统化整理并继续进行资料采集的工作，到第一次世界大战时已获得大量资料[154]。这些资料通常发表于地区性杂志，在数量庞杂的信息中，与动物相关的内容占很大一部分。渡鸦（和狼一起）再次成为这些动物中的明星。乡民对长着黑色皮毛或羽毛的动物的恐惧事实上来自对魔鬼和巫师的信仰，这种信仰在乡村极其普遍。野兽、渡鸦、小嘴乌鸦，甚至某些家养动物都使他们感到害怕。比如，有几条在欧洲几乎所有乡村地区都被遵循的迷信说法，像黑色母鸡下的蛋不能吃、每次见到黑色的猫都要在胸前画十字等。

黑色的动物只会带来厄运，尤其是不经意与它们相遇，或

▶ **上吊的绳子**

沙哑的叫声、乌黑的羽毛、神出鬼没、总在凄凉之地徘徊，渡鸦带着一股死亡的气息，是绝佳的丧事之鸟。19 世纪，很多艺术家——尤其是版画家——非常喜欢描绘渡鸦形象。版画家使用的黑色画面非常适合呈现渡鸦令人毛骨悚然的外形。根本不用画上吊的绳子，一只黑漆漆的大鸟就足够了。

菲利克斯·布拉克蒙，《渡鸦》，蚀刻版画，1864 年。日内瓦，艺术与历史博物馆

死 亡 的 先 兆

L'avant-courrier de la mort

在某些不常去的地方意外碰到它们则更是如此。一早在路上毫无预兆地碰到渡鸦呱呱呱地大声叫绝对是霉运的象征，如果碰到这种情况，最好赶紧回家，若还赶上不祥的星期五就更要小心。同理，若看到小嘴乌鸦在空中争斗也是不祥之兆，战争、饥荒、大流行病，不知道哪个会来。这些说法可追溯到非常遥远的过去，通常源自中世纪，甚至更遥远的古代。但在当下，不安定因素变得越来越普遍，这些迷信信仰似乎在加剧。许多中世纪流传下来的成语、格言、谚语都在提醒大家要小心黑色的动物[155]。黑色在乡村被视作令人不安的、不祥的、致命的颜色。

渡鸦全身都是这种晦气的颜色，因此它是不祥之鸟。若渡鸦落在谁家的房顶上，这家一定会有人生病；若这人已经病了，那他可能会因此而送命；若他已经死了，他也会下地狱。更可怕的是，若渡鸦从屋顶摔落，顺着烟囱掉进壁炉，这一家都不会有好日子过。若渡鸦呱呱呱地一直叫时丧钟正好敲响，那么整个村子都将遭受厄运。这些迷信说法在各地区有许多不同版本，但在欧洲所有农村地区，它们都遵循同样的原则：渡鸦是死亡的先兆。

但有的时候，死亡已经发生了。在很多地区，罪孽深重的人死后不用忏悔也不用领受临终圣体，渡鸦会庇护他们的灵魂。在英国和比利时，相传渡鸦会庇护作恶的教士或品行不端的修女的灵魂；在德国和奥地利，渡鸦会庇护放高利贷者的灵魂；在英国，人们对渡鸦的态度比在欧洲大陆宽容得多，相传渡鸦会庇护等待审判者的灵魂，因为神还未对他们的品性做出最终决定。因此，在英国，杀害渡鸦是绝对禁止的。因为说不定哪只渡鸦就在庇护某位亲人、爱人的灵魂，甚至亚瑟王的灵魂都是由渡鸦庇护的。他在等待重返英国复其荣光期间曾经化作渡鸦的样子流浪。

还有许多五花八门的方法教人们去除渡鸦预言的灾祸。第一种是向某位特定的圣人祈祷，如伯努瓦、文森特、梅恩莱及各种因可以驯服渡鸦而著名的地域性圣贤。为保护自己及家人、财产、牲畜、宠物，农民间还流传着一系列护身符，这些护身符通常取自渡鸦本身，如渡鸦的羽毛、爪子、翅膀、头或嘴；为让护身符的效果更佳，还应该配上神秘的咒语或祈福语，这些话语多带有浓浓的基督教色彩。一旦渡鸦被杀死，它实际上会呈现出某些优点。它不仅不再令人觉得恐惧，其身体的不同部分反而可以用于预防或治疗疾病。渡鸦的身体部分可以被用于治疗某些疼痛，如头疼或眼睛疼，还可以用来辟邪。把死去的渡鸦钉在住所、谷仓或牲畜棚的门口可以抵挡巫师、魔鬼甚至亡灵入侵[156]。

通过解剖渡鸦获得的组织可用于制造春药或毒药。在这类毒药中加入一点渡鸦血、肉或脑浆可使效力更强；若春药或迷

Scheuck.

可怕的黑色鸟儿

动物画家奥古斯丁·斯申克（August Schenck，1828～1901）为以母羊和小羊为主题的画作了多个版本。有些版本中，母羊拼尽全力试图保护奄奄一息的小羊，另一些版本中母羊已经死亡，下一个受害者就是小羊。有时对它们母子的威胁来自狼群，或如图所示，来自一群渡鸦。鸟儿黑色的羽毛与地上的皑皑白雪形成鲜明对比，让画面的紧张感达到顶峰。

奥古斯丁·弗里德里施·斯申克，《痛苦》，1886～1888年。墨尔本，维多利亚国家美术馆

药是在周五制作的，药力也会更强劲。若想将这些药剂用在指定的人身上，则可在配方中加一点他的头发、指甲、血液或尿液，如此效果更佳，保证那人药一入口，就一命呜呼，最次也会病入膏肓，他的身体或精神将受到束缚，做出一些失去理智的荒诞行为。有时，只需让人喝一点渡鸦喝过的水或洗过澡的雨水即可收获同样的功效。因为渡鸦总是口渴，它总是试图将藏在身体里或羽毛中的邪气灌入水中。

有关渡鸦在地上或空中活动的迷信说法是危害性最小的。这些说法在各地有所不同，但绝大多数和天气有关。渡鸦和其他鸟儿一样，被认为是出色的气象工作者。渡鸦落到地上，一跳一跳地前进，预示着将起大风；若它和幼鸟一起躲到枝叶茂密的树上，则证明暴风雨将至；若它一直洗澡，或好像想拔掉羽毛似的，则证明天气会变得非常炎热；若一连好几日看不到渡鸦的身影，则证明大旱将至。各语种对渡鸦叫声的解读有所

▶ **俄国寓言中的渡鸦**

1890～1910 年间，康定斯基（Kandinsky）先专攻木版画，之后调整技术，在技术推广后，转向亚麻油毡版画。他还对自己的祖国——俄国的寓言和传统非常感兴趣，尤其是与乡村相关的民俗传统。该领域中，与渡鸦相关的迷信说法占重要地位。

瓦西里·康定斯基，《渡鸦》，亚麻油毡版画，1907 年。巴黎，法国国立现代艺术博物馆，工业创造中心

不同，但它嘶哑的叫声也不一定代表悲剧或灾祸。渡鸦的叫声在某些地方意味着某种天气将至，甚至有时是危险的信号。在瑞士和法国阿尔卑斯山区，渡鸦的名声并不像在别处那样糟糕。牧羊人认为渡鸦的叫声代表"当心！当心！"*，这是渡鸦在提醒人们注意附近有狼出没。但渡鸦这种正面形象算是例外，只在某些山区存在。

　　随着时间的流逝，上述迷信说法在乡村越来越罕见，但针对渡鸦的斗争却从未停止。在欧洲的绝大多数地区，要么从 19 世纪下半叶起，要么从第一次世界大战后，当地政府都将渡鸦归为危害最大的动物[157]。那时，人们指责（现在仍是如此）渡鸦不仅在秋天偷正在发芽的种子，损害刚刚破土的植物（小嘴乌鸦和秃鼻乌鸦也会受到同样的指责），还会偷走鸡窝里的家禽、树林里的小猎物（山鹑、野鸡）、养兔林里的小兔子。有时，它们还会袭击绵羊羔、山羊羔、小牛犊甚至小孩。人们还因为渡鸦的叫声扰民、经常小偷小摸、粪便肮脏、经常翻垃圾、喜欢吃腐肉而谴责它。人们痛斥它是疾病的传播者，总是吓唬其他鸟类、摧毁其他鸟的鸟蛋，最重要的是它几乎没有天敌。这也是为什么从 1860～1890 年开始直到 1950 年，捕杀渡鸦成了乡野间的一项运动。杀死渡鸦，既是杀死一个满肚子坏水

---

* 法语为 "gare! gare!"，发音很像渡鸦叫。——译注

引申义的来源

渡鸦的引申义为匿名信的作者、告密者、告发者。一种根深蒂固的传统认为亨利 -乔治·克鲁佐（Henri-Georges Clouzot）的电影《渡鸦》（1943）发明并传播了这种引申义。其实不然。19 世纪下半叶，法语中已经存在这种用法。甚至在更早期的犬猎用语中人们已经开始使用告密者等词代指鸟，尤其是渡鸦。因为它们很喜欢在空中追着地上的动物走，当带着猎犬的猎人在陆地上跟丢猎物时，可以循着空中鸟儿的指引继续狩猎。

亨利 -乔治·克鲁佐的电影海报，《渡鸦》，1943 年

的抢夺者，又是消灭一种不祥之鸟；即便是小男孩，也非常热
衷于这项运动。年龄小一点的孩子用自己的小弹弓做武器，稍
大一些的则开始带着猎枪和卡宾枪射杀渡鸦。同时，这项运动
还能带来收入：有些地方的乡镇政府会为杀死渡鸦的人发放奖
金；另一些地方的政府不仅鼓励人们射杀渡鸦，还鼓励大家设
陷阱捕捉、用毒气或毒药杀死渡鸦 [158]。有时，人与渡鸦的斗争
会演变成屠杀。渐渐地，在欧洲的乡野间，人们很少再看到渡
鸦出没，秃鼻乌鸦和寒鸦的数量也在减少，大量的小嘴乌鸦从
乡间逃离，迁往大城市生活。

　　人们很晚才意识到渡鸦的消失，在某些地区，直到 20 世
纪七八十年代该物种才得以被保护。之后，在某些渡鸦完全消
失的地区（如奥弗涅、汝拉山脉、阿登高原、荷兰、德国北部、
加利西亚、阿斯图里亚斯等），人们偶然可见几只渡鸦飞过。如
今，欧洲渡鸦主要分布于阿尔卑斯地区及英国、爱尔兰、冰岛、
斯堪的纳维亚地区的沿海峭壁。

渡鸦的复仇

　　在行政文件及猎人和农民的控诉中，渡鸦的恶行罄竹难书。
但作恶多端的渡鸦也有许多特点和行为让人们永远无法指责，

比如它非凡的辨识力、洞察力和极高的智商，也正是因为有了如此高的智商，才让它成为奸诈诡谲的鸟。虽然从未有人公开提出这个问题，但很显然，所有农民都琢磨过：若这种体形不大、体重也不重、平平无奇的小飞禽没有和魔鬼订立合约，它是如何展现出如此高明的智慧，挫败所有陷阱，适应所有情况，预见人和其他动物的行为的？

古代作家很重视渡鸦的高超智慧，尤其是普林尼和普鲁塔克[159]。随后，在基督教繁荣发展的中世纪，人们试图掩盖渡鸦智慧的光辉，并最终获得成功。在乡下，人与渡鸦的接触只能导致人们在面对渡鸦时的畏惧与谨慎。如今，各学科的科学家（无论是鸟类学专家，还是动物行为学、动物心理学或神经系统科学的专家）都重新为渡鸦的智慧正名。从大约三十年前开始，各种各样的试验、研究、观察、探索都证明渡鸦（及所有鸦科动物）具有高超的行为能力和认知能力。相对其体形与体重，渡鸦的头可谓"硕大"，且颅骨内也被填得满满当当的。人类的头身比是21，黑猩猩是8，而对于渡鸦而言该数值为37或38。诚然，这远不能解释一切，但必须承认的是在某些测试中，渡鸦和类人猿处于同一水平，甚至超过后者[160]。

渡鸦的视觉认知功能和记忆力都相当发达。它能够计算距离，设置多个参照物，找到一年前藏于各处的食物。它还可以在一群人中识别出它好几个月前见过的那一位，并且能辨别这

200

一只有道德、有远见的渡鸦

皮埃尔·保罗·帕索里尼（Pier Paolo Pasolini）的电影《大鸟和小鸟》的真正主角
是一对父子在路上偶遇的渡鸦。这只会说话的鸟比另外两个人类主角更慷慨、更
明事理。因为那对父子其实代表堕落的人性：父亲愚蠢、恶毒、粗鄙；儿子爱慕
虚荣、玩世不恭、粗鲁无礼。照片上是拍摄间隙的制片人阿尔弗雷多·比尼和男
演员托托（1966）

人是敌是友。被人驯化的渡鸦身上有这些特征,野生渡鸦也有。此外,渡鸦还可以适应各种各样或新或危险的环境。它可以解决复杂任务、制作工具,甚至为制作新工具而制作所需的工具。它能够高效使用工具,区分主要颜色,甚至数数可以数到至少12。它懂得分类、辨别、对照、推断、试验、创新。它还可以和同伴设计策略以攻击其他鸟类、抢夺别的鸟的蛋或小雏鸟。在著名的镜子实验中,渡鸦也成功通过了考验——它能够认出镜中的自己[161]!在某些领域,渡鸦的智力和行为能力毫不逊色于黑猩猩或倭黑猩猩[162]。

在上述能力中,有些是动物天生拥有的,有些是后天获得的。动物行为学家和鸟类学家认为,为获得上述能力,有些外在条件是必需的,而渡鸦"享尽"一切必要条件。它有长久的学习时间、社会生活发达、食性杂、栖息地多样且经常变换,因此不得不经常努力适应环境或进行创新,且它的寿命很长[163]。以上是渡鸦的特点。和《圣经》或中世纪动物寓言作品中描述的不同,渡鸦幼崽在出生后的几周并不会被赶出鸟窝,相反,成年渡鸦对其进行的教育循序渐进、历时长久且涉及面很广。成年渡鸦遵循一夫一妻制生活在一起,但也享有非常丰富的社会生活。在危险来临时,渡鸦会聚在一起,通过叫声、姿态和扇动翅膀的动作彼此交流。和人类一样,它们是杂食性动物,食物中包括谷物、浆果、水果、植物嫩芽、昆虫、幼虫、其他鸟、小型哺乳动物和各种各样的垃圾。因为要面对人类长久以来与渡鸦的斗争，它们不得不变成观察家和机会主义者，它们必须善于适应瞬息万变的外在环境，随时改变习性，必须懂得如何在与这样或那样的人类群体接触时苟且偷生，必须有能力应对各种各样的气候条件。渡鸦当然无法向赫西俄德和普鲁塔克说的那样可以活 2592 年（比小嘴乌鸦的寿命长三倍）[164]，也无法像中世纪动物寓言作家作品中描述的那样可以活九百年，但在现实中它们的寿命足够长，能够达到二十多年，有时某些特殊个体甚至能存活四十多年，对于受伦敦塔庇佑和保护的渡鸦来说它们的寿命可能更长[165]。

渡鸦的认知能力和行为能力不仅限于我们刚刚介绍的这些。很早以前，人们就已经注意到它可以模仿各种声音（包括其他鸟类的叫声、人类的声音），甚至还能借此能力施诡计、愚弄他人、挫败阴谋，最终达到自己的目的。事实上，渡鸦可以发出各种各样的声音，它们对自己的发音器官控制力极佳，因此可以学习、输出一些单词和句子。普林尼曾说道，有时渡鸦甚至好像能听懂人类的语言。此外，年轻的渡鸦很喜欢玩耍，要么和同伴游戏，要么和其他动物玩耍，有时甚至和一些体形比它们大得多的动物一起玩，比如狐狸。这一点，古代先贤著作中也有相关记录。古人也曾观测到渡鸦经常（比其他鸟类更频繁）独自或集体在空中"表演特技"。天气寒冷的时候，渡鸦很喜欢在雪上或冰面滑着玩。若它们看到小孩正在堆雪人，甚至会帮上一把。渡鸦会用嘴巴衔来在各处寻觅到的玩意儿，如植物上的某些部分或一些奇特的小物件，并用这些东西为雪人加上最后的装饰[166]。

除了玩耍、说话、观察、记忆，渡鸦似乎还拥有一项独特的技能——幽默感，这一点在其他动物身上并不存在，或者，至少可以说，渡鸦很喜欢捉弄其他鸟类或自己的同伴。比如，它们会假装将食物藏起来，然后躲起来观察丢掉食物的倒霉鬼一步步靠近，并且在人家万分失望的时候表现出幸灾乐祸的样子[167]。

渡鸦不仅是天地之间、生死之间的媒介，还是爱开玩笑的淘气鬼。它会欺骗同类、其他动物、人类甚至神。有时，也会让历史学家上当。

注　释

1　此处，我援用的是弗朗索瓦·波普林（François Poplin）曾用过的漂亮的术语表达——"动物中心圈"。在长达二十年的时间里（1990～2010），波普林先生在法国国家自然历史博物馆（Muséum national d'histoire naturelle）组织了许多研讨活动。这些活动激发性极强、受众极广。包括动物学家、考古学家、历史学家、社会学家、文献学家、语言学家在内的绝大多数法国研究者借此良机，汇聚一堂，人类和动物间的关系是他们共同的兴趣所在。正是在这些交流中，波普林先生提出的"动物中心圈"概念渐次固定。

2　由于没有更合适的选择，可参考博里亚·萨克斯（Boria Sax）短小精悍的作品 *Crow*（Londres, 2003），该书以盎格鲁 - 撒克逊世界为研究对象。以渡鸦在北美印第安人、东西伯利亚民族宗教、传统和符号体系中的地位为对象的研究较为丰富且质量上乘，后文注释中可以找到相关书籍。若想了解渡鸦在古西伯利亚民族（主要是科里亚克族和鄂温克族）神话中的重要地位，可以阅读 A.-V. 沙兰（A.-V. Charrin）整理撰写的 *Le Petit monde du grand corbeau. Récits du Grand Nord sibérien*, Paris, 1983。

3　我希望日后能为渡鸦写一本全面、翔实的书籍，就像我之前为熊创作的书籍一样——*L'Ours. Histoire d'un roi déchu*, Paris, Seuil, 2006。

4　详见可印证这一结果的丰富的文献资料：N. Emery, *Bird Brain, An Exploration of Avian Intelligence*, Londres, 2016；C. Savage, *Bird Brains. The Intelligence of Crows, Ravens, Magpies and Jays*, 2e éd., Vancouver, 2018。法语的参考书目相对较新，可参见瓦莱里·杜福尔（Valérie Dufour，法国科学研究中心，CNRS）有关动物认知能力的相关著作。

5 有关古西伯利亚民族、北美太平洋沿岸的印第安人心中的动物中心圈的著作非常丰富，但将其与欧洲动物中心圈进行对比却异常困难。在选择阅读书目时应当谨慎。但读一读弗拉基米尔·波哥拉兹（Vladimir Bogoraz）的开拓性研究还是有益处的：*The Folklore of Northeastern Asia as Compared with That of Northwestern America*, *American Anthropologist*, 1902, fasc. 4, pp. 577-683。其他参考书目：F. Boas, *Indian Myths and Legends from the North Pacific Coast of America*, New York, 1895; J. Forsyth, *A History of the Peoples of Siberia*, New York, 1992; C. Lévi-Strauss, *La Voie des masques*, Genève, 1975, 2 vol.; A. D. King, *Living with Koryak Traditions*, Lincoln (USA), 2011; C. Levi-Siberia, *Anthropologie structurale*, Paris, 1958, *La Pensée sauvage*, Paris, 1962。

6 这样的数据一定会让当代鸟类学家震惊，但若看到斯堪的纳维亚地区古墓汇总的渡鸦骸骨，这属实不足为奇。详见 G. Steinsland, *et al.*, *Människor och makter i vikingarnas värld*, Stockholm, 1998, pp. 112-114; I. Trøim, *Arkeologisk forskning og det lovregulerte fornminnevernet: en studie av fornminnevernets utvikling i perioden 1905-1978*, Oslo, 1999, pp. 46-52。

7 狼是最常献祭给阿波罗的动物，尤其是在阿波罗的神庙所在地德尔斐。

8 Ovide, *Métamorphoses*, II, vers531-707.

9 阿波罗和科洛尼斯的故事有很多不同版本，其中最古老的版本源自 Pindare, *Odes, Pythiques*, éd. M. Briand, Paris, 2014, III, 8-14。该版本后被阿波罗多鲁斯（Apollodore）引用（*Bibliothèque*, III, 10）。该版本与奥维德的版本有所不同，渡鸦的地位没有那么重要。

10 Claudius Aelianus, *De natura animalium libri XVII*, trad. A. Zucker, Paris, 2002, XV, 3. 亚里士多德曾在作品中证实白渡鸦的存在，只不过数量稀少：*Historia animalium*, 519a; *De generatione animalium*, 785b。

11 C. Meillier, «*La chouette d'Athéna*», dans *Revue des études anciennes*, vol. 72/1, 1970, pp. 5-30. 奥维德在《变形记》中将两个故事融合：雅典娜的母渡鸦将

自己的不幸讲述给阿波罗的公渡鸦，且告诫后者千万不要揭发科洛尼斯和伊斯库斯的感情："一定要恪守秘密，切勿泄露分毫。"但公渡鸦没有听从劝告，因此，它受到了同样的惩罚：它的白色羽毛变成黑色。之后，大多数古罗马作者及之后的中世纪作者都将猫头鹰塑造成渡鸦的最大仇敌。

12   在希腊和罗马，母渡鸦是爱情忠诚的象征，这也是为什么它能一度成为赫拉（即朱诺）的象征。公渡鸦和母渡鸦因终生一夫一妻制而享有殊荣，若一对渡鸦中有一只消失，另一只也不会再寻觅新的伴侣。渡鸦忠贞的品质有时可见于中世纪动物研究或文艺复兴时期与徽章、纹饰相关的书籍。

13   H. d'Arbois de Jubainville, «Une vieille étymologie du nom de Lyon», *Comptes rendus des séances de l'Académie des inscriptions et belles- lettres*, vol. 30/4, 1886, pp. 454-458; J.-C. Decour, *Lyon dans les textes grecs et latins. La géographie et l'histoire de Lugdunum, de la fondation de la colonie (43 avant J.-C.) à l'occupation burgonde (460 après J.-C.)*, Lyon, 1993, pp. 67-69 et passim.

14   A. Haggerty Krappe, «Bendigeit Vran (Bran le Bienheureux)», dans *Études celtiques*, 1938, fasc. 3-5, pp. 27-37.

15   1960 年，在罗马尼亚丘梅什蒂乡的一处墓穴中，人们发掘了一顶属于某位将领或凯尔特战士的头盔。该文物如今收藏于克卢日－纳波卡的特兰西瓦尼亚民俗博物馆。头盔由铁和青铜制成，年代约为公元前 4 世纪末或公元前 3 世纪初。头盔配有一个体量巨大的振翅飞翔的渡鸦造型顶饰。

16   关于福金和雾尼的更多信息，可参见 *Edda de Snorri*, trad. F.-X. Dillmann Paris, 1991, pp. 70-72，及 *Edda poétique*, trad. R. Boyer, Paris, 1992, pp. 498-502。若想了解奥丁和他的代表动物，参考书目相对丰富，其中用法语写作且通俗易懂的一本为 P. Guelpa, *Dieux et mythes nordiques*, Lille, 2009, pp. 12-49。

17   G. Scheibelreiter, *Tiernamen und Wappenwesen*, Vienne et Cologne, 1976, pp. 58-85.

18   C. Hicks, *Animals in Early Medieval Art*, Édimbourg, 1993, pp. 57-78; B. M. Näsström, *Bärsärkarna. Vikingatidens Elitsoldater*, Stockholm, 2006.

19　G. Scheibelreiter, *op. cit.* , pp. 58-84.

20　Gesta regis Canutonis, édités anonymement dans les *Monumenta Germaniae Historica. Series Scriptores rerum Germanicarum*, t. XVIII, Leipzig, 1865, pp. 123-124.

21　M. Patera, «Le corbeau: un signe dans le monde grec», dans S. Georgoudi *et al.* , éd. , *La Raison des signes. Présages, rites, destin dans les sociétés de la Méditerranée ancienne*, Leyde et Boston, 2012, pp. 157-175.

22　J. André, *Étude sur les termes de couleur dans la langue latine*, Paris, 1949, pp. 43-63.

23　值得注意的是在莎士比亚的许多戏剧作品中仍然在使用这两个单词。之后，"swart" 一词演变成现代德语中的 "schwarz"，"blaek" 一词则演变为现代英语中的 "black"。

24　Pline, *Histoire naturelle*, livre X, chapitres 15 et 60.

25　Ibid. , X, 60, 1-3.

26　埃里亚努斯的作品虽用希腊语写作，但拉丁语译本传播更为广泛。这部作品的法语版译名通常为 *De la nature des animaux*，但个别译本也会翻译成 *Caractéristiques des animaux* 或 *La Personnalité des animaux* (supra, note 10)。这部作品由 17 本书构成，每本书都由许多无明显逻辑的短小章节构成。埃里亚努斯在书中谈论了 71 种四足动物、109 种鸟、132 种鱼和水生动物以及 40 多种蛇和爬行动物。

27　Claudius Aelianus, *De natura animalium libri XVII*, A. Zucker, Paris, 2002, XV, 2-3.

28　J. Champeaux, *Le Culte de la Fortune à Rome et dans le monde romain*, I, Rome, 1982, pp. 17-23; E. Smadja et E. Geny, éd. , *Pouvoir, divination et prédestination dans le monde antique*, Besançon, 1999, pp. 33-42 et 249-258.

29　A. Bouché-Leclercq, *Histoire de la divination dans l'Antiquité*, Paris, 1879-1882, 4 vol.

30　除了针对活的鸟类行为的观察外，还要加上对死去鸟类内脏的研究。M.-L. Haack, *Les Haruspices dans le monde romain*, Bordeaux, 2003.

31　Pline, *Histoire naturelle*, X, 12, §33.

32　西塞罗算是为数不多的几个反对预言与占卜之术的罗马作家，他尤其反对依靠观察渡鸦飞翔和鸣叫进行预言与占卜。"为什么渡鸦向右飞就是不祥，行政长官甚至会推迟选举，但向左飞却不是不祥之兆呢？"详见其哲学著作 *De divinatione* (vers44 avant J.-C.), éd. et trad. J. Kany-Turpin, Paris, 2004, livre II, §70-83。

33　Isidore de Séville, *Étymologies*, livre XII : De animalibus, éd. J. André, Paris, 1986, 7, § 43.

34　希腊语《圣经》中没有"leon"一词，希伯来语中却有不少单词可以用来指代"狮子"。最常见的是"ari"，"labi, layis, sahal"也很常见，幼狮为"kpîr"。

35　我们期待看到中世纪文化研究者针对此问题提出更多的思考和研究成果，且该问题不只局限于动物，还包括植物、矿物、数字和颜色。有关颜色的问题以及将希伯来语、阿拉米语、希腊语译为拉丁语的翻译问题，详见 M. Pastoureau, *Bleu. Histoire d'une couleur*, Paris, 2000, pp. 18-21。

36　关于是否要在"orêb"（渡鸦）和"horéb"（沙漠、荒芜之地）间建立联系还有争议。

37　唯一一处明确批注：Baruch 6, 53。

38　有关诺亚方舟、方舟上的动物以及相关画作，请参阅 D. C. Allen, *The Legend of Noah*, Urbana, 1949；A. Parrot, *Bible et archéologie. Déluge et arche de Noé*, Paris, 1970；M. Pastoureau, «Nouveaux regards sur le monde animal à la fin du Moyen Âge», dans A. Paravicini, éd. *Il teatro della natura. The Theatre of Nature*, Louvain, 1996, pp. 41-54；M. Besseyre, «L'iconographie de l'arche de Noé du iiie au xve siècle», dans École nationale des chartes, *Positions des thèses*, Paris,

1997, pp. 52-58。

39 有关渡鸦在诺亚方舟漂浮在洪水之上时的形象，请参阅 *An Investigation of a Motif in the Deluge Myth in Europe, Asia and North America*, Helsinki, 1962, pp. 83-91；J. Gutmann, «Noah's Raven in Early Christian and Byzantine Art», dans *Cahiers archéologiques* t. 26, 1977, pp. 63-71. Voir aussi le *Lexikon der christlichen Ikonographie*, article «Rabe» (par S. Braunfels), vol. 3 (1971), col. 489-491。

40 在古希腊罗马时代，白色有两种对立颜色：红色和黑色，且地位不相上下。但时至中世纪，黑白的对立逐渐战胜了红白之对立。到 15 世纪，印刷术和镌版术的出现最终确立了黑白对立的唯一性。

41 可参阅 D. 斯珀伯（D. Sperber）对克劳德·李维－史陀的名言的评述 «Pourquoi les animaux parfaits, les hybrides et les monstres sont-ils bons à penser symboliquement ?», *L'Homme. Revue française d'anthropologie*, t. 15, no 2, 1975。

42 亚里士多德有关动物的文集由米歇尔·斯科特（Michel Scot）于 1230 年左右在托莱多从阿拉伯语译成拉丁语。该译者早些年曾致力于翻译伊本·西那对这些文集的注释。在经历了约一代人后，米歇尔·斯科特的翻译作品几乎被原封不动地收录进艾尔伯图斯·麦格努斯的著作《动物学》（*De animalibus*）。然而，亚里士多德文集中的某些段落在 12 世纪末时已经被翻译并为许多人所知。有关亚里士多德自然哲学的著作逐渐被发现的话题，请参阅 F. van Steenberghen, *Aristotle in the West. The Origins of Latin Aristotelianism*, Louvain, 1955；Id. , *La Philosophie au xiiie siècle*, 2e éd. , Louvain, 1991。

43 有关普林尼作品在中世纪被研读的情况，请参阅 Arno Bors, *Das Buch der Naturgeschichte. Plinius und seine Leser im Zeitalter des Pergaments*, 2e éd. , Heidelberg, 1995。

44 *Opus mirandum et pulcherrimum: saint Jérôme, Commentarii in Isaiam*, éd. M. Adriaen, Turnhout, 1963, p. 611.

45 有关吉约姆阅读普林尼书籍的内容，请参阅 A. Borst, *Das Buch der Naturgeschichte. . .* , pp. 57-64。

46 奥古斯丁很少直接按字面意思解读《圣经》，他总是与文章拉开一些距离，以便从中提取更具象征意义的解读方式。尤其当涉及动物或自然时。当然，也有几次例外，如 *De doctrina christiana*。

47 有关奥古斯丁阅读普林尼书籍的内容，请参阅 A. Borst, *Das Buch der Naturgeschichte. . .* , pp. 64-76。

48 《自然史》中的很多段落都能反映出普林尼的无神论思想，他认为一切形而上的探索皆是虚无。详见瓦莱丽·纳斯（Valérie Naas）的论文，*Le Projet encyclopédique de Pline l'Ancien*, Paris, 2002。

49 Pline, *Histoire naturelle*, X, 60, § 43.

50 参阅奥古斯丁在 *De Genesi contra Manichaeos* (Patrologia latina, vol. XXXIV, col. 173-180) 及 *De Genesi ad litteram* (Patrologia latina, vol. XXXIV, col. 245-253) 中有关上帝创世的评论。

51 Ps 77, 49.

52 Paulin de Nole, *Lettres à Sulpice Sévère*, ed. J. Desmulliez, C. Vanhems et J.-M. Vercruysse, Paris, 2016, lettres 23, 28 et 29.

53 Augustin, *Homélies sur l'Évangile de saint Jean*, éd. et trad M.-F. Berrouard, Paris, 1998, pp. 342-346.

54 Augustin, *Ennaratio in psalmum CI,* dans *Patrologia latina*, vol. XXXVII, col. 1301-1302. *Confessiones*, VIII, 12, 28.

55 Cité par G. Roux«Eschyle, Hérodote, Diodore, Plutarque racontent la bataille de Salamine», dans *Bulletin de correspondance hellénique*, vol. XCVIII, 1974, pp. 51-94.

56 E. Heyse, *Hrabanus Maurus' Enzyklopädie «De rerum naturis». Untersuchungen zu den Quellen und zur Methode der Kompilation*, Munich, 1969.

57 Raban Maur, *De universo*, livre VIII, chap. VI, dans Patrologia latina, vol. CXI, col. 252-253. R. Kottje, «Hrabanus Maurus: Praeceptor Germaniae ?», dans *Deutsches Archiv*, vol. 31, 1975, pp. 534-545.

58 这场战争的开始年代可能更早，约在 4 世纪，当时在罗马帝国，基督教信仰与对密特拉的崇拜相互竞争。对密特拉的崇拜是对太阳的信仰，崇拜一位类似阿波罗的神。该神祇向阿波罗借用了代表物之一：渡鸦。很多基督教作者曾记录在崇拜密特拉的仪式中，某些信众会将自己打扮成渡鸦，或干脆带着渡鸦来进行宗教活动，其他信众会泼洒在祭坛边被祭司割喉献祭的公牛的血。详见 Prudence, *Le Livre des couronnes*, éd. M. Lavarenne, Paris, 1951, XIV, 14-16. B. Sax, *Crow*, pp. 53-54。

59 根据亚里士多德在 *De partibus animalium*, § 662b 中的记录，渡鸦的嘴部很厚、很硬且 "微微向下弯曲"。

60 B. Laurioux, «Manger l'impur. Animaux et interdits alimentaires durant le haut Moyen Âge», dans A. Couret et F. Ogé, dir. , *Homme, animal, société*, Toulouse, 1989, t. III, pp. 73-87; J. Voisenet, *Bêtes et hommes dans le monde médiéval. Le bestiaire des clercs du ve au xiie siècle*, Turnhout, 2000, pp. 123-127; M. Pastoureau, *L'Ours. Histoire d'un roi déchu*, Paris, 2007, pp. 65-66.

61 教宗圣匝加利亚写给波尼法爵或其他派遣出去的传教士的信并未得以保存，但在其颁布的很多法令中都有提及。详见 *Bonifatii litterae*, dans *MGH Espist*, n° 47, p. 356；B. Laurioux，«Manger l'impur. Animaux et interdits alimentaires durant le haut Moyen Âge», cité à la note précédente; M.-A. Wagner, *Le Cheval dans les croyances germaniques. Paganisme, christianisme* et traditions, Paris, 2005, pp. 467-469; A. Paravicini Bagliani, *Le Bestiaire du pape*, Paris, pp. 61-63.

62 H. F. Janssen, «Les couleurs dans la Bible hébraïque», dans *Annuaire de l'Institut de philologie et d'histoire orientales*, t. 14, 1954-1957, pp. 145-171; R. Gradwohl, «Die Farben im Alten Testament. Eine terminologische Studie», dans "Beihefte

zur Zeitschrift für die alttestamentliche Wissenschaft", t. 83, 1963, pp. 1-123; F. Jacquesson, «Les mots de couleur dans les textes bibliques», dans "Cahiers du Léopard d'or", vol. 13, 2012, pp. 69-132.

63　详见 A. Ott, *Études sur les couleurs en vieux français*, Paris, 1900, pp. 15-33。"像窑炉一样黑"仅在近代出现。

64　一个名为 *Livre de la colonisation de l'Islande (Landnamabok)* 的北欧神话讲述了挪威首领弗洛基作为第一位出发寻找冰岛的航海家的故事。冰岛当时其实已经被一些富有冒险精神的水手发现了。弗洛基离开法罗群岛,在三只渡鸦的陪伴下一路向西航行。几天后,他放飞了这三只渡鸦。其中两只飞回弗洛基的船,另一只继续征程,为他引领航向。最终,这只渡鸦将他带到冰岛西部海岸,弗洛基及其随从在那里过冬后再次起程。因为这座岛大部分面积都被冰覆盖,因此他们将它命名为"冰岛",并判定这是座不适宜居住的岛。这个多少带点传奇性的故事为弗洛基赢得昵称"Hrafna Floki"(渡鸦弗洛基)。详见 *Livre de la colonisation de l'Islande*, traduit et commenté par R. Boyer, Turnhout, 2000。

65　G. Scheibelreiter, *Tiernamen und Wappenwesen*, Vienne, 1976, pp. 41-44, 66-67, 101-102.

66　Ibid. , pp. 29-40. G. Müller, «Germanische Tiersymbolik und Namengebung», dans H. Steger, dir. , *Probleme der Namenforschung*, Berlin, 1977, pp. 425-448.

67　布兰甘妮(Brangien)由 bran(渡鸦)和 gwen(白色)两部分构成。在威尔士神话中,布兰甘妮也是第一章中提到的巨人布兰的妹妹的名字。布兰的妹妹嫁与一位爱尔兰国王或氏族首领,但婚后被夫君虐待。他的哥哥前去营救,由此导致威尔士与爱尔兰间的战争。

68　C. Gaignebet et O. Ricoux, «Les Pères de l'Église contre les fêtes païennes», dans P. Giovanni d'Ayala et M. Boiteux, éd. , *Carnavals et mascarades*, Paris, 1988, pp. 43-49; P. Walter, *Mythologie chrétienne. Rites et mythes du Moyen Âge*, Paris, 1992.

69 F. Leroux et C. Guyonvarc'h, *Les Fêtes celtiques*, Rennes, 1995, pp. 35-82.

70 R. Hutton, *The Stations of the Sun: A History of the Ritual Year in Britain*, Oxford, 2001.

71 998 年，克吕尼神父奥迪隆正式确立 11 月 2 日为亡灵节，但这一节日直到 13 世纪才成为符合教规的罗马天主教礼拜仪式。

72 圣徒代表性动物的选择可以由其人生中的某一事件决定，有时也因其喜好决定，但有时也会由其姓名（如圣·阿涅斯的羔羊、圣·科伦布的白鸽、圣·沃尔夫冈的狼）、职业（渔夫圣·安德鲁的鱼）或他对某一职业行会或宗教团体的庇护决定。

73 Augustin, *Ennaratio in psalmum CXLVI*, dans *Patrologia latina*, vol. XXXVII, col. 1911.

74 Jacques de Voragine, *Legenda aurea*, éd. G. P. Maggioni, Florence, 1998, pp. 73-74. 从中可以读到这个故事。也可参见让·德·斯塔沃洛（Jean de Stavelot）建议阅读的令人惊叹的版本，*Liber de sancto Benedicto*, manuscrit du xve siècle (Liège, vers 1432-1437?), Chantilly, Bibliothèque du musée Condé, ms. 738, folio 131(avec miniature)。

75 从肖像学角度说，这些鸟可以是鹰也可以是渡鸦。虽然大家都说这些图案是隼，但事实上却不太像隼。这三只鸟中的两只若说是隼体形都过大了，且喙也不像隼。这块绣品被认为制作于 1067～1077 年间，在此期间，王孙贵族饲养、驯化隼的行为在诺曼底公国和蓬蒂厄伯爵领地也并未普及，但在英国已经相当常见。哈罗德会把驯化隼这件事告知吉约姆吗？

76 M. Pastoureau，*L'Art héraldique au Moyen Âge*, Paris, 2009, pp. 104-112. 中世纪纹章上出现的寥寥可数的几只渡鸦（被发现的一百万中世纪纹章上约有 150 只渡鸦出现）全部是为标识姓氏的。渡鸦这个单词和其主人的名字有一定联系，如 Becket、Corbin、Crowford、Ravensberg 等。

77 Id. , *L'Ours. Histoire d'un roi déchu*, pp. 181-208.

78   L. Charbonneau-Lassay, *Le Bestiaire du Christ*, Bruges, 1940, pp. 76-96; M. Pastoureau, *Bestiaires du Moyen Âge*, Paris, 2013, pp. 140-145.

79   G. Scheibelreiter, *op. cit.*, pp. 87-90.

80   A. Boureau, *L'Aigle. Chronique politique d'un emblème*, Paris, 1985, pp. 18-37.

81   关于腓特烈一世（红胡子）的纹章和标志，详见 J. Deer, *Die Siegel Kaisers Friedrich I. Barbarossa und Heinrichs VI in der Kunst und Politik ihrer Zeit, Festschrift Hans R. Hahnloser*, Bâle, 1959, pp. 1-56；H.-E. Korn, *Adler und Doppeladler. Ein Zeichen im Wandel der Geschichte*, 2ᵉ éd., Marburg, 1976, pp. 40-48。

82   有关这个故事，详见 C. G. 考尔（C. G. Kaul）的论文 *Friedrich Barbarossa im Kyffhäuser. Bilder eines nationalen Mythos im 19. Jahrhundert*, Cologne, 2007, 2 vol；也可阅读 H. Prutz, *Kaiser Friedrich I.*, Dantzig, 1871-1874, 3 vol；F. Opli, *Friedrich Barbarossa*, Darmstadt, 1990, pp. 327-354。

83   长久以来，动物寓言集并未受到各界学者的重视，如今，与中世纪动物寓言集相关的参考文献数量丰富且价值较高。F. McCulloch, *Medieval Latin and French Bestiaries*, Chapel Hill (USA), 1960; D. Hassig, *Medieval Bestiaries: Text, Image, Ideology*, Cambridge, 1995; G. Febel，G. Maag, *Bestiarien im Spannungsfeld. Zwischen Mittelalter und Moderne*, Tübingen, 1997; R. Baxter, *Bestiaries and their Users in the Middle Ages*, Phoenix Mill (G.-B.), 1999; M.-H. Tesnière, *Bestiaire médiéval. Enluminures*, Paris, 2005; R. Cordonnier, C. Heck, *Bestiaire médiéval*, Paris, 2011；详见 M. Pastoureau, *Bestiaires du Moyen Âge*, Paris, 2011。

84   在鸟类学著作中最有名的是于格·德·富尤瓦在 12 世纪中期创作的 *De avibus*。此著作现有 120 多份手稿流传于世，其中一半带有彩色字母和彩绘装饰。于格是庇卡底地区的法政牧师也是多体裁作家。Voir l'édition de W. B. Clark, *Hugh of Fouilloy's Aviarium. The Medieval Book of Birds*, New York, 1992.

85   中世纪的动物学和古罗马时期的动物学一样，通常将动物分成五大类：四足动物、鸟类及在空中生活的所有生物、鱼及在水中生活的所有生物、蛇和"虫子"。最后这一类包括所有身量微小且无法被归入前四大类的动物，如昆虫的幼虫、寄生虫、小型啮齿类动物、昆虫、小型两栖类动物、腹足纲动物等。

86 这位作家可能也是医生，他的个人图书馆（包含约200份手写稿）构成了巴黎索邦图书馆最古老的核心藏书。关于他，详见 A. Birkenmajer, «La bibliothèque de Richard de Fournival», dans *Études d'histoire des sciences et de la philosophie du Moyen Âge*, Cracovie, 1970, t. I, pp. 117-215; J. Ducos, et C. Lucken, éd. , *Richard de Fournival et les sciences au xiiie siècle*, Florence, 2018。

87 Édition et traduction par G. Bianciotto, *Richard de Fournival, « Le Bestiaire d'Amour » et la « Response du Bestiaire »*, Paris, 2009.

88 Ibid. , § 12, pp. 176-179.

89 M. Pastoureau, *Bestiaires du Moyen Âge*, Paris, 2011, pp. 148-151.

90 G.-L. Leclerc de Buffon, *Histoire naturelle*, t. XVIII, Paris, 1774, pp. 28-29.

91 该表达的起源请见 L. Röhrich, *Lexikon der sprichwörtlichen Redensarten*, 5ᵉ éd. , Fribourg-en-Brisgau, 1973, t. III, pp. 755-756。

92 G. Tilander, *Nouveaux essais d'étymologie cynégétique*, Lund, 1957, p. 123; F. Viré et B. Van den Abeele, «L'utilisation du grand corbeau d'après le traité de chasse d'al- Asadi», dans *Arabica. Revue d'études arabes et islamiques*, vol. 52, 2005, pp. 544-564.

93 整个西欧随处可见以渡鸦一词为基础形成的姓氏，某些姓氏应用范围异常广泛，另一些则有一定的地域局限性。在日耳曼地区，大多数此类型的姓氏都以 "Fram-, Kor-, Krag-, Krow-, Rab-, Ram-, Rav-" 等为词根。在应用罗曼语的地区，则多以 "Cor-, Corb-, Corn-, Corv-, Fre-" 为词根。在应用古凯尔特语的地区，则以 "Beck-, Bran-, Cro-, Rav-" 为词根。

94 X. R. Mariño Ferro, *Symboles animaux. Un dictionnaire des représentations et*

croyances en Occident, Paris, 1996, pp. 105-108.

95   Ibid. , p. 107.

96   Thomas de Cantimpré, *Liber de natura rerum*, éd. H. Böse, Berlin, 1973, pp. 190-191.

97   X. R. Mariño Ferro, *Symboles animaux. . .* , pp. 108 et 181.

98   这是一部存在多个版本的中世纪小故事，极有可能在 15 世纪初期让人用瓦莱达奥斯塔语重新书写。详见 M.-D. Leclerc, «Le Dit des oiseaux», dans *Le Moyen Âge*, vol. CIX, 2003, pp. 59-78。

99   对于生活在中世纪的人类来说，夜莺的叫声是所有鸟鸣中最动听的。夜莺的鸣叫象征着爱情和忧郁。当鸟儿早上停止歌唱时，不愿被人撞破恋情的恋人们就要彼此分离。详见玛丽・德・法兰西（Marie de France）优美又残忍的作品 *Lai du laostic*（古高卢语和盎格鲁－诺曼语中"夜莺"的说法），éd. J. Rychner, Paris, 1966。

100   M. Pastoureau, *Bestiaires du Moyen Âge*, p. 167.

101   Konrad von Megenberg, *Das Buch der Natur*, éd. R. Luff et G. Steer, Tübingen, 2003, t. II, p. 123.

102   M. Pastoureau, *Bestiaires du Moyen Âge*, pp. 153-155.

103   依照 W. B. 克拉克的版本翻译而来，*Hugh of Fouilloy's Aviarium. The Medieval Book of Birds*, p. 42。也可阅读 R. Cordonnier, «Des oiseaux pour des moines blancs. Réflexions sur la réception de l'aviaire d'Hugues de Fouilloy chez les cisterciens», dans *La Vie en Champagne*, vol. 38, 2004, pp. 3-12。

104   M. Pastoureau, *Bestiaires du Moyen Âge*, p. 153.

105   埃里亚努斯讲述过类似的故事，只不过故事的主角是鹳，详见 *De la nature des animaux*, III, 44。A. 扎克将这个故事译成当代法语，并收录在 *La Personnalité des animaux*, Paris, 2001-2002, 2 vol. t. II, pp. 14-15。许多 13～14 世纪的故事集中也可以读到鹳的放荡行为，详见 J. Berlioz, «Le bel oiseau

渡
鸦
的
文
化
史

LE CORBEAU: Une histoire culturelle

ambigu», dans *Gryphes. Revue de la Bibliothèque de Lyon*, vol. 5, 2002, pp. 22-27。

106 有关中世纪百科全书，参见后文参考书目。

107 详见彼特拉克的朋友，本笃会修士彼特鲁斯·贝尔科里（Petrus Berchorius）的著作 *Reductorium morale*（约 1340～1345）和 *Repertorium morale*（约 1345～1350）及前文中已经引用过的康拉德·冯·门盖尔贝格的作品 *Das Buch der Natur*（约 1350），还可阅读所有有关鸟类的寓言和某些寓言故事集。另外，也可阅读 C. 托马塞特（C. Thomasset）主持创作，诸多作者共同完成的 *D'ailes et d'oiseaux au Moyen Âge. Langue, littérature, histoire des sciences, textes [. . .] dédiés à Claude Gaignebet*, Paris, 2016。

108 亚里士多德（*Historia animalium*, § 609a）和普林尼（*Histoire naturelle*, X, 60, § 203）都曾提到过渡鸦和猫头鹰间的仇怨。

109 Thomas de Cantimpré, *Liber de natura rerum*, éd. H. Böse, pp. 190-191.

110 *Aristote, De generatione animalium*, 756b. 普林尼也曾表示他并不相信这个故事。*Histoire naturelle*, X, 32, § 12. 然而，他却提出了另一个说法，且看起来对此深信不疑：在存放渡鸦蛋的屋子里分娩的女士会难产。

111 有些动物寓言作家写道，鼬也是通过嘴交配，且会通过耳朵分娩。另一少部分作家则持相反观点，他们认为鼬是通过耳朵交配，用嘴分娩。但所有作家都认同鼬的天敌是蛇，蛇会捕杀、吞食鼬。

112 Ésope, *Fables*, éd. et trad. E. Chambly, Paris, 1927, pp. 74-75.

113 Ibid. , p. 71.

114 Ibid. , pp. 72-73.

115 Ibid. , p. 73.

116 Phèdre, *Fables*, éd. et trad. A. Brenot, Paris, 1961. *Le Corbeau et le Renard*, livre I, fable 13.

117 有关《列那狐的故事》的书籍数不胜数。若想做初步了解，可阅读 R. Bossuat, *Le Roman de Renart*, Paris, 1967; J. Dufournetéd. et trad. *Le Roman de*

Renart, Paris, 1985, 2 vol; J. R. Scheidegger, *Le Roman de Renart ou le texte de la dérision*, Genève, 1989; A. Strubel, dir. , *Le Roman de Renart*, Paris, 1998。

118 *Le Roman de Renart*, éd. J. Dufournet, pp. 253-257.

119 Jean de Stavelot (1388-1449), *Liber de sancto Benedicto* (recueil manuscrit d'écrits sur saint Benoît, Chantilly, Bibliothèque du musée Condé, ms. 738, folios 131-131verso (manuscrit copié et peint, sans doute à Liège, vers 1432-1435).

120 这个故事首次出现于 Grégoire le Grand, *Vita sancti Benedicti abbatis* (chapitre VIII)。详见 Grégoire le Grand, *Dialogorum libri quattuor de vita et miraculis patrum. . .*, éd. A. de Vogüe et P. Antin, Paris, 1979, livre II, chapitre 8。在另一些版本中，并非某位嫉妒的教士给他下毒，而是圣伯努瓦自己的僧侣因不满他制定的戒律时长而给他下毒。

121 有关拉封丹寓言中的动物，详见 M. Damas Hinard, *La Fontaine et Buffon*, Paris, 1861; H. Bresson, «La Fontaine et l'âme des bêtes», *Revue d'histoire littéraire de la France*, 1935, pp. 1-32, et 1936, pp. 257-286; M. Pastoureau, «Le bestiaire de La Fontaine», dans C. Lesage, dir. , *Jean de La Fontaine*, exposition, Paris, 1995, pp. 140-146。

122 J.-J. Rousseau, *Émile ou De l'éducation*, Paris, 1762, livre I, chapitre II, pp. 198-215.

123 Ibid. , p. 209.

124 《模仿老鹰飞翔的乌鸦》（卷 II，故事 16）是拉封丹创作的另一篇寓言。故事同样讲述了一只骄傲自大的渡鸦受挫的经历：一只渡鸦看到老鹰将羔羊抓到空中，也想效仿，结果却倒了大霉。渡鸦的爪子不够有力，不足以抓起肥硕的母羊。牧羊人赶来救下小羊，抓住渡鸦并将它关在笼子里，让孩子们尽情地折磨它。

125 有关此问题的书籍数量繁多，若想初步了解详见 N. Emery, *Bird Brain. An Exploration of Avian Intelligence*, Londres, 2016。也可参考上一章中提到的相

关研究。

126　P. Delaunay, *Pierre Belon naturaliste*, Le Mans, 1926.

127　P. Belon, *L'Histoire de la nature des oyseaux*, Paris, 1555, pp. 279-282.

128　需要注意的是，这里提到的是渡鸦，而非秃鼻乌鸦，秃鼻乌鸦比当代渡鸦
　　　更大、更重。在前言中提到的古代渡鸦和中世纪渡鸦之间的身形对比，到
　　　16 世纪仍然适用。

129　Aristote, *Historia animalium*, 488a.

130　Conrad Gessner, *Historia animalium. Liber III qui est de avium natura,* Zurich,
　　　1555.

131　Ibid. , pp. 323-337.

132　格斯纳的 *Historia animalium* 事实上是一部有关博物学和文化史的字典。
　　　其中收录的动物均按其拉丁语名称首字母进行排列。每种动物对应一章，
　　　每个章节的内容都很丰富，由 8 部分组成：词汇、栖所、外貌及解剖、习
　　　性、实用价值、食物及烹饪、药用、相关作品（成语、谚语、表达、词
　　　源、寓言、纹章、传说、信仰等）。

133　遗憾的是，他的植物学巨著 *Opera botanica* 只有手稿得以留存，其中有大
　　　量关于高山植物群的内容。

134　若想了解乌利塞·阿尔德罗万迪的巨著（与格斯纳的作品相比还是略显逊
　　　色），详见 G. Olmi, *Ulisse Aldrovandi. Scienza e natura nel secondo Cinquecento*,
　　　Trente, 1979。

135　*Ornithologiae, hoc est de avibus historiae libri XII*, Bologne, 1599; *Ornithologiae,*
　　　tomus alter, Bologne, 1600; *Ornithologiae, tomus tertius ac postremus*, Bologne,
　　　1603.

136　U. Aldrovand, *Ornithologiae. . .* , I, Bologne, 1599, pp. 684-733.

137　J. Jonston, *Historia naturalis*, Francfort-sur-le-Main, 1650, 4 vol.

138　A. Furetière, *Dictionnaire universel*, Paris, 1690, t. I, non paginé. 同一页上还

可见 "corbin" 一词的解释："渡鸦的旧称"。

139　*Encyclopédie ou Dictionnaire raisonné des sciences, des arts et des métiers. . .*, t. IV, Paris, 1757, col. 197a – 200a.

140　Ibid. , col. 197a et b.

141　1773 年，新版《自然通史》（*Histoire naturelle*）重印，纸张选用超大开本。道本顿发现布丰为节省空间，将所有章节中他为每种动物精心撰写的解剖学说明全部删除。布丰不仅没有事先通知道本顿将要删除这些内容，甚至在一封写给印刷商的信中，用极轻蔑的言辞定义这些解剖学内容，称它们是"道本顿的肠子"。道本顿觉得备受凌辱，决定从此再不与布丰合作。

142　G.-L. Leclerc de Buffon, *Histoire naturelle*, t. XVIII, Paris, 1774, pp. 14-17.

143　1764 年，霍勒斯·渥波尔出版小说《奥特兰托堡》（*The Castle of Otranto*），之后，直至 18 世纪末，哥特式小说逐渐风靡。安·拉德克利夫的《乌多芙堡之谜》（*The Mysteries of Udolfo*，1794）、马修·路易斯的《修道士》（*The Monk*, 1795）在整个欧洲均大获成功。

144　卡斯帕·大卫·弗雷德里希的代表作（54cm×71cm）现藏于巴黎卢浮宫。

145　1853 年 12 月，内瓦尔这首十四行诗首次发表于亚历山大·仲马主编的报纸《火枪手》，几个月后再版，与其他 11 首十四行诗一起收录在诗集《幻象集》（*Les Chimères*）中。法语原文诗歌选段取自 Jean Guillaume, *«Les Chimères» de Nerval. Édition critique*, Bruxelles, 1966, p. 13。

146　夏尔·波德莱尔翻译的诗歌于 1853 年 3 月发表于经常与他合作的 *L'Artiste* 报纸。斯特凡·马拉美的译文则于 1875 年 6 月由巴黎 Richard Lesclide 出版社出版，爱德华·马奈为他的译文创作了蚀刻版画和插图。首版发行量 240 份。

147　C. Baudelaire, *Les Fleurs du mal*, Alençon et Paris, 1857, XCII («Les litanies de Satan»).

148　查尔斯·诺迪埃应该是首次将 "fantastique" 用作名词的法国作家，这一

用法出现在 *Smarra ou Les Démons de la nuit*（1821）一书中，且词意与当代法语相同。在此之前，这个词只有形容词词性，用以表达在现实中不存在，仅存于想象中的东西，词意中并不包含"黑色"或令人担忧的感觉。

149　19 世纪末，若利斯·卡尔·于斯曼（Joris-Karl Huysmans，1848~1907）的小说 *À rebours*（1884）开篇便描述了一场丧宴。"一些赤裸身体的黑人妇女"为侍者，宴会在一间"以黑色为主色调的房间举行"，"一支毫无感情的乐队奏响丧礼进行曲"。宴会上只有黑色、深棕色、紫色的食物和饮料。

150　J. E. Harting, *The Ornithology of Shakespeare*, Londres, 1871, passim. Voir aussi les remarques de B. Sax, *Corbeaux*, Paris, 2005, pp. 67-70.

151　莎士比亚似乎尤其喜欢"渡鸦石"（ravenstone）一词。被处以死刑的犯人要把头放在"渡鸦石"上等待被斩首，因此，"to go to the crows"（字面意思为"朝渡鸦走去"）意为"死无葬身之地"。

152　Daphné du Maurier, *The Birds and Others Stories*, Londres, 1952. 这个短篇故事在整个英国文学史上是令人印象最深刻的作品之一。

153　在法国，这方面的先驱是沙特尔地区的神父让 - 巴蒂斯特·梯也尔（Jean-Baptiste Thiers，1636~1703）。因其人脉遍及帝国内 20 多个主管教区，因此可以通过书信往来的形式收集到很多重要资料并在 1679 年首次出版既稀奇又有教育意义的《迷信词典》（*Dictionnaire des superstitions*）。他的后继者将词典多次再版，且每次再版都会加上丰富的补充内容。最后一版在神父去世后多年于 1777 年分四卷发表于阿维尼翁。在法国及其邻国，神父及教士们的文书资料通常构成我们了解 17、18 世纪乡野迷信和传统的最佳资源。

154　阿诺德·范·热内普（Arnold van Gennep，1873~1957）的著作 *Manuel de folklore français contemporain*, Paris, 1937-1958, 10 vol 就是这样诞生的。

155　在法国，许多作品中都描述了围绕黑色动物产生的迷信行为，如注释 153 中提到的 J.-B. Thiers, *Traité des superstitions. . .*；还有更接近近代的出版物，E. Rolland, *Faune populaire de France*, Paris, 1877-1915, 13 vol. , et de P. Sébillot, *Folklore de France*, nouv. éd. , Paris, 1982-1986, 8 vol。

156　为了辟邪，人们有时也会将死掉的渡鸦埋在门槛下，而不是挂在门上。

157　根据时间和地区不同，渡鸦之前一直被归为对健康、公共安全、保护动植物、农林活动或家具、房屋清洁"有害的"动物。它在人们心中的害处在 20 世纪 60 年代前有增无减。

158　A. Chappellier, *Les Corbeaux de France et la lutte contre les corbeaux nuisibles*, Nancy, 1960.

159　Pline, *Histoire naturelle*, X, 12, § 33 et 125. Plutarque, *Œuvres morales*, t. XIV, traité 63: *L'Intelligence des animaux (De sollertia animalium)*, éd. et trad. J. Bouffartigue, Paris, 2012, § 972f.

160　如今，有关渡鸦和鸦科动物智慧的书籍很多，若想对相关知识进行总结，可参见 l'ouvrage collectif dirigé par N. Emery éd. , *Bird Brain. An Exploration of Avian Intelligence*。

161　动物行为学中的镜子实验能确定动物是否能在镜子中认出自己，以及它是否明白在镜子里看到的图像是它自己的身体。实验中，人们会偷偷在动物头部做一个色彩鲜艳的标记，之后，观察动物是否能看到镜中的自己，是否会做出由污迹引发的相关行为。这种行为有可能是移动或弯曲身体，以便更好地观察头部的色彩标记，或更明显些，动物可能会用爪子试图摸到或弄掉标记。

162　N. Emery, éd. , *Bird Brain. . .*, *passim*［也请阅读弗朗斯·德·瓦尔（Frans de Waal）撰写的极具启发性的前言］。Frans de Waal, *Are We Smart Enough to Understand how Smart Animals Are ?*, Londres, 2016.

163　G. Olioso, *Corbeaux et corneilles. Observation, description, répartition, mœurs, habitat*, Paris, 2012, pp. 110-127（190～192 页的参考书目也很重要）。

164　Plutarque, *Sur la disparition des oracles*, éd. R. Flacelière, Lyon, 1947, XI, §

415c.

165 伦敦塔的渡鸦可谓半驯化状态。它们被认为保护着王国和皇冠。从查理二世（1650～1685 年在位）统治起，它们的历史就被详细地记录，但它们在伦敦塔周围的出没时间可上溯至更久远的过去。有一种迷信说法：若这些渡鸦某天消失了或从伦敦塔周围飞走了，君主制度将会崩塌，英国也会随之覆灭。这也是为什么，塔周围的渡鸦有一只翅膀的羽毛会被人修剪，以保证它们无法飞得太高、太远。渡鸦的数量至少要保持在 6 只。如今，伦敦塔周围有 7 只渡鸦，每只都有自己的名字。通常情况下只有"渡鸦官"（Ravenmaster）可以接近这些渡鸦。详见 B. Sax, *City of Ravens. The Extraordinary History of London, the Tower and its Famous Ravens*, Londres, 2011。

166 J. R. Marzluff et T. Angell, *In the Company of Crows and Ravens*, New Haven, 2005, p. 123 *et passim*.

167 C. Savage, *Bird Brains. The Intelligence of Crows, Ravens, Magpies and Jays*, 2ᵉ éd. , Vancouver, 2018, pp. 63 et 108-109.

渡鸦面具

北半球,崇拜渡鸦的民族不在少数。它们有时被当作世界的创造者,有时被认为是天地之间的信使。在远东、西伯利亚民族、加拿大和阿拉斯加太平洋沿岸的印第安人中,对渡鸦的崇拜一直持续到 20 世纪。

夸夸嘉夸部族(不列颠哥伦比亚省)面具,19 世纪末。纽约,布鲁克林博物馆,编号 15.513.3

参考书目

1. 起源

古典文本

Apollodore, *Bibliothèque*, éd.
G. Frazer, Londres et New York, 1921,
2 vol.
Aristote, *De generatione animalium*,
éd. et trad. P. Louis, Paris, 1961.
Aristote, *De partibus animalium*, éd.
et trad. P. Louis, Paris, 1956.
Aristote, *Historia animalium*, éd.
et trad. A. L. Peck et D. M. Balme,
Londres, 1965-1990, 3 vol.
Augustin (saint), *Confessions*, éd. et
trad. Pierre de Labriolle, Paris, 1961,
2 vol.
Augustin (saint), *Enarrationes in
Psalmos CI-CL*, Turnhout, 1990
(coll. « Corpus Christianorum Series
Latina », 40).
Augustin (saint), *Sermones*, Turnhout,
1954 (*Corpus christianorum, series
latina*, 32).
Élien (Claudius Aelianus), *De natura
animalium libri XVII*, éd. R. Hercher,
Leipzig, 1864-1866, 2 vol.
Élien (Claudius Aelianus), *De
natura animalium libri XVII*, éd.
A. F. Scholfield, Cambridge (USA),
1958-1959, 3 vol.
Ésope, *Fables*, éd. et trad. Émile
Chambry, Paris, 1927.
Ovide (Publius Ovidius Naso),
Métamorphoses, éd. G. Lafaye, Paris,
1928-1930, 3 vol.
Pausanias, *Graeciae descriptio*, éd.
F. Spiro, Leipzig, 1903, 3 vol.
Pline l'Ancien (C. Plinius Secundus),
Naturalis historia, éd. A. Ernout,
J. André *et al.*, Paris, 1947-1985, 37 vol.

Plutarque, *Œuvres morales*, t. XIV,
traité 63 : *L'Intelligence des animaux*,
éd. et trad. J. Bouffartigue, Paris, 2012.
Solin (Caius Julius Solinus),
Collectanea rerum memorabilium, éd.
Th. Mommsen, 2ᵉ éd., Berlin, 1895.

中世纪文本

Albert le Grand (Albertus Magnus),
De animalibus libri XXVI, éd.
Hermann Stadler, Münster, 1916-1920,
2 vol.
Alexandre Neckam (Alexander
Neckam), *De naturis rerum libri duo*,
éd. Thomas Wright, Londres, 1863
(*Rerum britannicarum medii aevi
scriptores, Roll series*, 34).
Barthélemy l'Anglais (Bartholomaeus
Anglicus), *De proprietatibus rerum...*,
Francfort-sur-le-Main, 1601 (réimpr.
Francfort-sur-le-Main, 1964).
Bestiari medievali, éd. L. Morini,
Turin, 1996.
Bestiarium (Oxford, Bodleian
Library, Ms. Ashmole 1511), éd.
Franz Unterkircher, *Die Texte der
Handschrift Ms. Ashmole 1511 der
Bodleian Library Oxford. Lateinisch-
Deutsch*, Graz, 1986.
Brunet Latin (Brunetto Latini), *Li
livres dou Tresor*, éd. Francis J.
Carmody, Berkeley, 1948.
Guillaume d'Auvergne, *De universo
creaturarum*, éd. B. Leferon, dans
Opera omnia, Orléans, 1674.
Guillaume le Clerc, *Le Bestiaire divin*,
éd. C. Hippeau, Caen, 1882.
Hugues de Fouilloy, *De avibus*, éd.
et trad. W. B. Clark, *The Medieval
Book of Birds. Hugues of Fouilloy's
Aviarium*, New York, 1992, p. 116-255.
Isidore de Séville (Isidorus

Hispalensis), *Etymologiae seu
origines*, livre XII, éd. J. André,
Paris, 1986.
Konrad von Megenberg, *Das Buch
der Natur*, éd. R. Luff et G. Steer,
Tübingen, 2003.
Philippe de Thaon, *Bestiaire*, éd.
E. Walberg, Lund-Paris, 1900.
Pierre de Beauvais, *Bestiaire*, éd.
C. Cahier et A. Martin, dans *Mélanges
d'archéologie, d'histoire et de lit-
térature*, t. 2, 1851, p. 85-100, 106-232 ;
t. 3, 1853, p. 203-288 ; t. 4, 1856, p. 55-87.
Pseudo-Hugues de Saint-Victor, *De
bestiis et aliis rebus*, dans *Patrologia
Latina*, vol. 177, col. 15-164.
Raban Maur (Hrabanus Maurus), *De
universo*, dans *Patrologia Latina*, vol.
111, col. 9-614.
Richard de Fournival, *Le Bestiaire
d'Amours*, éd. G. Bianciotto, Paris,
2009.
Le Roman de Renart, éd. A. Strubel *et
al.*, Paris, 1998 (« Bibliothèque de la
Pléiade »).
Saxo Grammaticus, *Gesta Danorum*,
éd. J. Olrik et H. Raeder, Copenhague,
1931.
Thomas de Cantimpré (Thomas
Cantimpratensis), *Liber de natura
rerum*, éd. H. Böse, Berlin, 1973.
Vincent de Beauvais (Vincentius
Bellovacensis), *Speculum naturale*,
Douai, 1624 (réimpr. Graz, 1965).

近现代文本

Aldrovandi (Ulisse), *Ornithologiae,
hoc est de avibus historiae libri XII*,
Bologne, 1599.
Belon (Pierre), *Histoire de la nature des
oyseaux, avec leurs descriptions et naïfs
portraicts retirez du naturel*, Paris, 1555.

Brisson (Mathurin Jacques), *Ornithologia sive synopsis methodica sistens avium divisiones in ordines, sectiones, genera, species, ipsarumque varietates*, Paris, 1760-1763, 6 vol.

Buffon (Georges-Louis Leclerc, comte de), *Histoire naturelle, générale et particulière*, t. XVIII, Paris, 1774 (*Les Oiseaux*, III).

Gessner (Conrad), *Historia animalium, liber III qui est de avium natura*, Zurich, 1555.

Jonston (Jan), *Historia naturalis de avibus*, Londres, 1657.

La Fontaine (Jean de), *Fables*, Paris, 1668-1693, 3 vol.

Poe (Edgar Allan), « *The Raven* » *and Others Poems*, New York, 1845.

Ray (John) et Willughby (Francis), *Ornithologiae libri tres*, Londres, 1676.

Rousseau (Jean-Jacques), *Émile ou De l'éducation*, Paris, 1762.

Thiers (abbé Jean-Baptiste), *Traité des superstitions selon l'Écriture sainte...*, 2ᵉ éd., Paris, 1697-1704, 3 vol.

2. 鸟类及鸟类学历史

通论

Boubier (Maurice), *L'Évolution de l'ornithologie*, Paris, 1925.

Chaix (Louis) et Méniel (Patrice), *Archéozoologie. Les animaux et l'archéologie*, Paris, 2001.

Chansigaud (Valérie), *Histoire de l'ornithologie*, Lonay (Suisse), 2007.

Gubernatis (Angelo de), *Mythologie zoologique ou Les légendes animales*, Paris, 1874, 2 vol.

Helm (Christopher), *A Concise History of Ornithology. The Lives and Works of its Founding Figures*, Londres, 2003.

Klingender (Francis D.), *Animals in Art and Thought to the End of the Middle Ages*, Londres, 1971.

Lévi-Strauss (Claude), *Anthropologie structurale*, Paris, 1958.

Mariño Ferro (Xosé Ramón), *Symboles animaux. Un dictionnaire des représentations et des croyances en Occident*, Paris, 1996.

Petit (Georges) et Théodoridès (Jean), *Histoire de la zoologie des origines à Linné*, Paris, 1962.

Porter (Joshua R.) et Russell (William M. S.), éd., *Animals in Folklore*, Ipswich, 1978.

Rolland (Eugène), *Faune populaire de la France*. II : *Les Oiseaux sauvages*, Paris, 1879.

Rozan (Charles), *Les Animaux dans les proverbes*, Paris, 1902, 2 vol.

Sälzle (Karl), *Tier und Mensch. Das Tier in der Geistesgeschichte der Menschheit*, Munich, 1965.

Sébillot (Paul), *Le Folk-lore de France*. III : *La Faune et la flore*, Paris, 1906.

Stresemann (Erwin), *Ornithology from Aristotle to a Present*, Cambridge, 1975.

Walters (Michael), *A Concise History of Ornithology*, Yale, 2003.

古典时期

Beiderbeck (Rolf) et Knoop (Bernd), *Buchers Bestiarium. Berichte aus der Tierwelt der Alten*, Lucerne, 1978.

Bouché-Leclercq (Auguste), *Histoire de la divination dans l'Antiquité*, Paris, 1879-1882, 4 vol.

Campbell (Gordon L.), *The Oxford Handbook of Animals in Classical Thought and Life*, Oxford, 2014.

Dierauer (Urs), *Tier und Mensch im Denken der Antike*, Amsterdam, 1977.

Dumont (Jacques), *Les Animaux dans l'Antiquité grecque*, Paris, 2001.

Kalof (Linda), éd., *A Cultural History of Animals in Antiquity*, Oxford, 2007.

Keller (Otto), *Die Antike Tierwelt*, Leipzig, 1909-1913, 2 vol.

Lévêque (Pierre), *Bêtes, dieux et hommes. L'imaginaire des premières religions*, Paris, 1985.

Manquat (Maurice), *Aristote naturaliste*, Paris, 1932.

Pellegrin (Pierre), *La Classification des animaux chez Aristote*, Paris, 1982.

Pollard (John), *Birds in Greek Life and Myth*, New York, 1977.

Prieur (Jean), *Les Animaux sacrés dans l'Antiquité*, Paris, 1988.

Pury (Albert de), *L'Animal, l'homme et le dieu dans le Proche-Orient ancien*, Louvain, 1984.

中世纪

Baxter (Ronald), *Bestiaries and their Users in the Middle Ages*, Phoenix Mill (G.-B.), 1999.

Blankenburg (Wera von), *Heilige und dämonische Tiere. Die Symbolsprache der deutschen Ornamentik im frühen Mittelalter*, Leipzig, 1942.

Clark (Willene B.) et McMunn (Meredith T.), éd., *Beasts and Birds of the Middle Ages. The Bestiary and its Legacy*, Philadelphie, 1989.

Connochie-Bourgne (Chantal), éd., *Déduits d'oiseaux au Moyen Âge*, Aix-en-Provence, 2009.

Cordonnier (Rémy) et Heck (Christian), *Le Bestiaire médiéval*, Paris, 2011.

Febel (Gisela) et Maag (Georg), *Bestiarien im Spannungsfeld. Zwischen Mittelalter und Moderne*, Tübingen, 1997.

George (Wilma) et Yapp (Brunsdon), *The Naming of the Beasts. Natural History in the Medieval Bestiary*, Londres, 1991.

Hassig (Debra), *Medieval Bestiaries :*

Text, Image, Ideology, Cambridge, 1995.

Henkel (Nikolaus), Studien zum Physiologus im Mittelalter, Tübingen, 1976.

Lecouteux (Claude), Chasses fantastiques et cohortes de la nuit au Moyen Âge, Paris, 1999.

McCulloch (Florence), Medieval Latin and French Bestiaries, Chapel Hill (USA), 1960.

Pastoureau (Michel), Bestiaires du Moyen Âge, Paris, 2011.

Van den Abeele (Baudouin), éd., Bestiaires médiévaux. Nouvelles perspectives sur les manuscrits et les traditions textuelles, Louvain-la-Neuve, 2005.

Van den Abeele (Baudouin), La Fauconnerie au Moyen Âge. Connaissance, affaitage et médecine des oiseaux de chasse d'après les traités latins, Paris, 1994.

Van den Abeele (Baudouin), La Fauconnerie dans les lettres françaises du XIIᵉ au XIVᵉ siècle, Louvain, 1990.

Voisenet (Jacques), Bestiaire chrétien. L'imagerie animale des auteurs du haut Moyen Âge (Vᵉ-XIᵉ s.), Toulouse, 1994.

Voisenet (Jacques), Bêtes et hommes dans le monde médiéval. Le bestiaire des clercs du Vᵉ au XIIᵉ siècle, Turnhout, 2000.

现当代

Albert-Llorca (Marlène), L'Ordre des choses. Les récits d'origine des animaux et des plantes en Europe, Paris, 1991.

Baratay (Éric), L'Église et l'animal (France, XVIIᵉ-XXᵉ siècle), Paris, 1996.

Baümer (Änne), Zoologie der Renaissance, Renaissance der Zoologie, Francfort-sur-le-Main, 1991.

Carus (Julius Victor), Histoire de la zoologie depuis l'Antiquité jusqu'au XIXᵉ siècle, Paris, 1880, 2 vol.

Cuvier (Georges), Histoire des sciences naturelles depuis leur origine jusqu'à nos jours, Paris, 1841-1845, 5 vol.

Delaunay (Paul), La Zoologie au XVIᵉ siècle, Paris, 1962.

Diolé (Philippe), Les Animaux malades de l'homme, Paris, 1974.

Dittrich (Sigrid), Lexikon der Tiersymbole. Tiere als Sinnbilder in der Malerei des 14.-17. Jahrhunderts, 2ᵉ éd., Petersberg (All.), 2005.

Farber (Paul Lawrence), Discovering Birds. The Emergence of Ornithology as a Scientific Discipline, 1760-1850, Baltimore, 1996.

Nissen (Claus), Die zoologische Buchillustration, ihre Bibliographie und Geschichte, Stuttgart, 1969-1978, 2 vol.

Rovin (Jeff), The Illustrated Encyclopedia of Cartoon Animals, New York, 1991.

3. 乌鸦的历史

通论

Dos Anjos (Luiz), « Family Corvidae (crows) », dans J. del Hoyo et al., Birds of the World, vol. XIV, Barcelone, 2009, p. 494-565.

Elston (Catherine F.), Ravensong. A Natural and Fabulous History of Ravens and Crows, Flagstaff (USA), 1991.

Géroudet (Paul), Les Passereaux, Neuchâtel, 1961, 2 vol.

Giblin (James F. D.), The Scarecrow Book, New York, 1980.

Olioso (Georges), Corbeaux et corneilles. Observation, description, répartition, mœurs, habitat, Paris, 2012.

Ratcliffe (Derek), The Raven. A Natural History in Britain and Ireland, Princeton, 1997.

Roux (Jean-Paul), Faune et flore sacrées dans les sociétés altaïques, Paris, 1966.

Sax (Boria), Crow, Londres, 2003.

Sax (Boria), City of Ravens. The Extraordinary History of London, the Tower and its Famous Birds, Londres, 2011.

Zelenine (Dmitri K.), Le Culte des idoles en Sibérie, Paris, 1952.

古典时期

Boyer (Régis), L'Edda poétique, Paris, 1992.

Graf (Fritz), Apollo, Londres, 2008.

Guelpa (Patrick), Dieux et mythes nordiques, Villeneuve-d'Ascq, 2009.

Krappe (Alexander H.), « Les dieux au corbeau chez les Celtes », Revue de l'histoire des religions, vol. CXIV, 1936, p. 236-246.

Mathieu (Rémi), « Le corbeau dans la mythologie de l'ancienne Chine », Revue de l'histoire des religions, vol. 201, fasc. 3, 1984, p. 281-309.

Patera (Maria), « Le corbeau : un signe dans le monde grec », dans S. Georgoudi et al., éd., La Raison des signes. Présages, rites, destin dans les sociétés de la Méditerranée ancienne, Leyde et Boston, 2012, p. 157-175.

中世纪

Bossuat (Robert), Le Roman de Renart, Paris, 1967.

Hervieux (Léopold), Les Fabulistes latins depuis le siècle d'Auguste jusqu'à la fin du Moyen Âge, Paris, 1884-1899, 5 vol.

Jauss (Hans Robert), *Untersuchungen zur mittelalterlichen Tierdichtung*, Tübingen, 1959.

Krappe (Alexander H.), « Bendigeit Vran (Bran le Bienheureux) », *Études celtiques*, 1938, fasc. 3-5, p. 27-37.

Lukman (Niels), « The Raven Banner and the Changing Ravens. A Viking Miracle from Carolingian Court Poetry to Saga and Arthurian Romance », *Classica et Medievalia*, vol. 19, 1958, p. 133-151.

Scheidegger (Jean R.), *Le Roman de Renart ou le texte de la dérision*, Genève, 1989.

现当代

Chappellier (André), *Les Corbeaux de France et la lutte contre les corbeaux nuisibles*, Nancy, 1960.

Dandrey (Patrick), *La Fabrique des fables. Essai sur la poétique de La Fontaine*, Paris, 1992.

Emery (Nathan), éd., *Bird Brain. An Exploration of Avian Intelligence*, Londres, 2016.

Heinrich (Bernd), *Mind of the Raven. Investigations and Adventures with Wolf-Birds*, New York, 1999.

Ingram (John H.), « *The Raven* ». *With Literary and Historical Commentary*, Londres, 1885.

Marzluff (John M.) et Angell (Tony), *In the Company of Crows and Ravens*, Yale, 2007.

Rémond (René), *L'Anticléricalisme en France de 1815 à nos jours*, Paris, 1976.

Savage (Candace), *Bird Brains. The Intelligence of Crows, Ravens, Magpies and Jays*, 2ᵉ éd., Vancouver, 2018.

Yarrell (William), *A History of British Birds*, Londres, 1843, 2 vol.

图片授权